WOLF LÜDGE

MANAGEMENT BY NATURE

9 natürliche Prinzipien für den Führungsalltag

REDLINE | VERLAG

WOLF LÜDGE

MANAGEMENT BY NATURE

9 natürliche Prinzipien für den Führungsalltag

Bibliografische Information der Deutschen Nationalbibliothek
Die Deutsche Nationalbibliothek verzeichnet diese Publikation in der Deutschen Nationalbibliografie. Detaillierte bibliografische Daten sind im Internet über https://dnb.de abrufbar.

Für Fragen und Anregungen
info@m-vg.de

Wichtiger Hinweis
Ausschließlich zum Zweck der besseren Lesbarkeit wurde auf eine genderspezifische Schreibweise sowie eine Mehrfachbezeichnung verzichtet. Alle personenbezogenen Bezeichnungen sind somit geschlechtsneutral zu verstehen.

Originalausgabe
1. Auflage 2024

Türkenstraße 89
80799 München
Tel.: 089 651285-0

Redaktion: Monika Spinner-Schuch
Umschlaggestaltung: Marc-Torben Fischer
Umschlagabbildung: indah/ Adobe Stock
Satz: inpunkt[w]o, Wilnsdorf (www.inpunktwo.de)
Druck: GGP Media GmbH, Pößneck
Printed in Germany

ISBN Print 978-3-86881-962-5
ISBN E-Book (PDF) 978-3-96267-581-3
ISBN E-Book (EPUB, Mobi) 978-3-96267-582-0

Wir produzieren nachhaltig
www.m-vg.de

Weitere Informationen zum Verlag finden Sie unter
www.redline-verlag.de
Beachten Sie auch unsere weiteren Verlage unter www.m-vg.de

Für Teresa, Hannah & Vincent

INHALT

VORWORT

In den letzten 25 Jahren konnte ich als Führungskraft einige Erfahrungen sammeln, darunter viele positive, zuweilen aber auch weniger positive. Wertvoll waren sie alle. Als Betriebswirt mit Schwerpunkt Unternehmensplanung und Controlling war ich ein Schüler der Logik und Verfechter unumstößlicher Tatsachen. Zum Glück wurde ich älter und hatte daher die Chance, meine Einstellungen und Sichtweisen auf die Welt und ihre zugrunde liegenden Mechanismen zu überdenken.

Ein wichtiger Meilenstein in diesem Prozess war für mich die Begegnung mit Peter Zernisch, der auch der »Altmeister der Markenstrategie« genannt wird. Im Rahmen eines Markenstrategieprozesses führte er mich in die Bedeutung der Bionik ein und gab mir dabei einiges an Denkaufgaben mit auf den Weg. Die Bionik verfolgt den Ansatz, die Prinzipien der Natur zu verstehen und für innovative und leistungsfähige Lösungen und Technologien nutzbar zu machen.

Für diese richtungsgebenden Impulse, die seitdem immer wieder in mir gearbeitet haben, bin ich ihm bis heute sehr dankbar. Auch wenn ich vermutlich erst jetzt, also 15 Jahre später, das Prinzip der Bionik im Zusammenhang mit Unternehmensführung und Leadership wirklich verstanden habe.

Mit dem vorliegenden Buch »Management by Nature – 9 natürliche Prinzipien für den Führungsalltag« möchte ich einen Anstoß geben, Leadership einmal unter einer neuen Perspektive zu betrachten.

Alles, was einfach ist, ist in der Regel gut. Und erfolgreich. Die Prinzipien der Natur bestehen darin, diese einfachen Dinge zu erkennen – und intuitiv anzuwenden. Heutzutage müssen Führungskräfte sich mit einer rasant zunehmenden Komplexität auseinandersetzen. Vieles, was gestern gültig war, funktioniert heute bereits nicht mehr. Dabei gibt es zeitlose Quellen, die bereits vor Millionen Jahren in komplexen Systemen entstanden sind und seitdem immer wieder von der Evolution erprobt und verbessert wurden. Es lohnt sich, diese Prinzipien aufzugreifen und als Vorlage für Fragestellungen im modernen Leadership zu nutzen.

Ich beanspruche für mich nicht, den Stein der Weisen gefunden zu haben oder mich gar mit den großen Denkern der betriebswirtschaftlichen Theorien ansatzweise messen zu können. Als Praktiker mit über 20 Jahren Geschäftsführungserfahrung im deutschen Mittelstand kann ich aber mit Überzeugung sagen, dass viele dieser Prinzipien hervorragend funktionieren. Für mich wäre es ein Erfolg, wenn der eine oder andere Leser mein Buch zum Anlass nähme, über sich selbst, sein Wirken und seine Wirkung als Führungskraft nachzudenken – und die Botschaft eines von der Natur inspirierten Managementstils weiterzutragen.

Mein besonderer Dank geht an Sabine Zimmermann, die mir mit Rat und Tat zur Seite gestanden hat. Ihr Mitwirken hat vielen Themen Tiefe gegeben und eine bereichernde, weibliche Note verliehen. Durch unsere großartige Zusammenarbeit konnte ich über die natürlichen Fügungen und Mechanismen bei der Entstehung eines Wirtschaftsbuches vieles dazulernen.

Wolf Lüdge

1. EINLEITUNG: VOM WOLF LERNEN

Eine der wichtigsten Erfahrungen meines Lebens, die mich bis heute prägt, begann mit einem simplen Formular. Als junger Mann – ich war Anfang 20 – bin ich aus der Kirche ausgetreten. Diese Entscheidung hatte ich mir gut überlegt. Doch welche Bedeutung dieser Schritt für mich und meine persönliche Entwicklung tatsächlich haben sollte, ist mir erst hinterher klar geworden: Seit diesem Tag begann ich nämlich, mir über Religion und Spiritualität Gedanken zu machen. Denn erst *nachdem* ich meine Religion abgelegt hatte, wurde mir bewusst, wie wichtig es ist, an etwas zu glauben. Etwas zu haben im Leben, das Orientierung gibt und Sinn stiftet. Und erst in diesem Moment wurde mir klar, dass das keineswegs eine Religion sein muss. Denn es gibt viele Dinge auf der Welt, die diese Aufgabe übernehmen können.

Und so begann ich, mich mit der östlichen Denkweise, dem Zen-Buddhismus und mit Meditation zu beschäftigen. Ich las viel. Ich machte mir Gedanken über meine Werte, meine Ziele, wofür es sich zu leben lohnt und wie denn die Welt aussehen soll, in der ich künftig leben möchte. Kurzum: Die Entscheidung, meine Religion abzugeben, hat sehr viel mehr zu meiner persönlichen Entwicklung und meiner Spiritualität beigetragen, als wenn ich einfach nur aus Gewohnheit Mitglied einer Kirche geblieben wäre.

Warum ich das erzähle? In diesem Buch geht es um Leadership. Das ist weit mehr als das Anwenden von Führungsinstrumenten – es ist eine Haltung. Für mich sind Leadership und Glaube daher nicht zu trennen. Wer Menschen inspirieren und begeistern möchte, wer ein sinnvolles Produkt oder eine Dienstleistung in die Welt bringen möchte, der braucht etwas, woran er aus tiefster

Überzeugung glaubt. Da es in diesem Buch also um die wirklich wichtigen Dinge des Lebens gehen wird, möchte ich Ihnen, meinen Lesern, gerne das *Du* anbieten. Dieses Buch ist nämlich ein Mitmach-Buch. Leadership lernt man nicht nur durch Theorie, sondern durch die intensive Beschäftigung mit sich selbst – den eigenen Zielen, Werten und Visionen. Das ist die eine Seite. Im Verlauf des Buches werden wir aber auch immer wieder in die Tiefen deiner Persönlichkeit abtauchen, um unbewusste Muster zu entdecken und ans Tageslicht zu bringen. Wie ein Taucher, der eine faszinierende Unterwasserwelt erforscht. Leadership ist nämlich ein hervorragendes Lernfeld zur persönlichen Weiterentwicklung! Daher wird der Text in den späteren Kapiteln immer durch Reflexionseinheiten, Coachingfragen und Selbstchecks ergänzt – als ob wir uns direkt gegenübersitzen und einen entspannten Dialog führen würden. Im Sinne einer sprachlichen Ästhetik verzichte ich darauf, in diesem Buch Leader von Leaderinnen und Mitarbeiter von Mitarbeiterinnen und so weiter zu unterscheiden. Selbstverständlich sind hier stets beide Geschlechter gemeint.

An was glaubst du? Was ist dir wirklich, wirklich wichtig? Was gibt deinem Leben Sinn? Was motiviert dich jeden Morgen aufs Neue, die Füße aus dem Bett zu strecken und in einen neuen Tag zu starten?

Ich denke, jeder Mensch sollte sich diese Fragen stellen – wenn du jedoch Führungskraft oder Nachwuchsführungskraft bist, sind sie von essenzieller Bedeutung! Denn nur wenn du für dich selbst Antworten darauf gefunden hast, bist du in der Lage, andere Menschen zu inspirieren und ein Stück auf ihrem Lebensweg zu begleiten. Allerdings ist unsere moderne, durchrationalisierte Welt bei der Suche nach den wirklichen Fragen des Lebens keine große Hilfe. Unsere Vorfahren hatten es in dieser Hinsicht leichter. Denn in früheren Zeiten erschufen Menschen Mythen – also Erzählungen, die all das erklären sollten, was über die Alltagserfahrung und den Verstand hinausging. Als ich mich mit Markenentwicklung zu beschäftigen begann, stellte ich fest, dass diese uralten Mythen bis in unsere heutige Zeit hineinwirken. Im geistigen Archiv unserer menschlichen Evolution finden sich faszinierende Erzählungen, die unsere tief verwurzelten Sehnsüchte und Ängste ansprechen. Sie basieren auf grundlegenden Fragen, für die wir modernen Menschen bis heute keine zufriedenstellenden Antworten gefunden haben: Woher kommen wir, wohin gehen wir? Was ist der Sinn unseres Lebens? Was müssen wir tun, um ein zufriedenes Leben zu führen? Woran glauben wir? Wie können wir in Harmonie mit der Natur und ihren Geschöpfen leben? Und was brauchen wir, um der Held unseres eigenen Lebens zu sein?

Bei meiner Recherche bin ich auf ein bemerkenswertes kleines Buch gestoßen, welches unser heutiges Dilemma – insbesondere auch das von Führungskräften – klar auf den Punkt bringt: Viele Menschen haben nichts, woran sie wirklich glauben.

Dabei sind wir Menschen von Natur aus sinnsuchende Wesen. Dadurch unterscheiden wir uns von den Tieren, die sich vermutlich keine Gedanken über den Zustand der Welt und den Sinn des Daseins machen. Anders der Mensch.

In ihrem Buch »Eine kurze Geschichte des Mythos«[1] zeigt die Religionswissenschaftlerin Karen Armstrong, dass Mythen und Mythologie keineswegs niedere, überholte Denkweisen sind, auf die wir »vernünftigen« Menschen heute verzichten können. Ganz im Gegenteil. Etwas, woran wir glauben, erweitert unseren Horizont und hilft uns dabei, intensiv in unserer Welt zu leben und uns spirituell weiterzuentwickeln.

Dieser Meinung ist auch der buddhistische Mönch Tenzin Gyatso, besser bekannt als der 14. Dalai Lama. Der Friedensnobelpreisträger ist davon überzeugt, dass wir alle eine elementare menschliche Spiritualität besitzen, eine in uns angelegte Neigung zu Liebe und Mitgefühl. Ethik, so betont er, sei uns angeboren und daher wichtiger als Religion. Er spricht sich für eine säkuläre Ethik jenseits aller Religionen aus, die für alle Menschen gleichermaßen hilfreich ist.

Das ist umso wichtiger, da wir heute in einer Welt leben, in der wir mit unseren Mythen gleichzeitig auch den Glauben und den Bezug zur Natur verloren haben. Unsere Vorfahren mussten sich die Sinnfrage nicht stellen, denn in ihrer Vorstellung gab es immer etwas Heiliges, das Erlösung aus einer schwierigen Lage versprach – eine Welt im Jenseits, Rituale, ein Gott oder auch mehrere. Für die Jäger und Sammler der Altsteinzeit war die Jagd nicht nur das Heranschaffen von Nahrung, sie hatte eine zutiefst spirituelle Bedeutung und war von großer Achtung gegenüber den Tieren geprägt. Als die Menschen später den Ackerbau erfanden und sesshaft wurden, bestellten sie ihre Felder mit religiöser Ehrfurcht und respektierten die natürlichen Rhythmen der Natur.

Ab dem 16. Jahrhundert erfolgte ein tiefgreifender Wandel: Der Mythos wurde allmählich durch den Verstand, den Logos, abgelöst. Fortan war in einer Welt, in der nur noch rationale Fakten und Beweise zählten, für Mythen kein Platz mehr – eine Transformation, deren Folgen bis in die Gegenwart reichen. Der Triumphzug der westlichen Moderne brachte uns zwar materiellen Wohlstand und eine höhere Lebenserwartung, hat uns aber von der Natur entfremdet und schuf ein Sinnvakuum, welches bis heute fortbesteht. Seitdem das Heilige tot ist, richten sich die Erwartungen auf die vermeintlichen Hoffnungsträger unserer Zeit – Politik und Wissenschaft. Das Problem daran: Diese sind gar nicht in der Lage, die Leere zu füllen, die das Diktat des Logos hinterlassen hat. Denn keine dieser Fachrichtungen nimmt einen tieferen Sinn unserer Existenz an oder möchte gar von höheren Dimensionen des Seins etwas wissen! Wenn wir das Leben nur als eine Zufallserscheinung in einem sonst toten Universum betrachten, dann richten wir notgedrungen unsere ganze Energie auf Effizienz und Pragmatismus im Diesseits aus. Das führt dazu, dass wir zwar viele Dinge tun – doch *warum* tun wir sie überhaupt? Die wirklich wichtigen Fragen des Lebens bleiben unbeantwortet, da unsere spirituelle Weiterentwicklung allen Fortschritten zum Trotz auf der Strecke geblieben ist. Wenn ich mir den derzeitigen Zustand unseres Planeten anschaue, dann sieht es eher so aus, als ob wir sogar Rückschritte gemacht haben. Wenn wir so vieles erreicht haben, warum sind wir dann noch immer auf der Suche nach einem besseren, erfüllteren Leben? Warum glauben wir, dass wir dieses Ziel durch immer mehr Arbeit, Leistung und Konsum erreichen können, obwohl wir dadurch nicht glücklicher, sondern bestenfalls erschöpfter sind? Wie kommen wir heraus aus diesem Teufelskreis?

Da Technik und Wissenschaft unsere innere Leere also nicht füllen können, braucht es etwas anderes. Mythen sind in unserer rational-analytischen, auf Fakten fixierten Welt keinesfalls entbehrlich, obwohl unsere Sprache *(»Das ist ein Mythos – also ein Märchen, etwas, das nicht wahr ist«)* uns das Gegenteil suggeriert. Natürlich sind Mythen keine Tatsachenberichte, sie bilden vielmehr eine Form der Fiktion, die uns einen Blick auf das Unbeweisbare jenseits unserer Vorstellung gewährt. Wer an etwas glaubt, das dem eigenen Leben einen Sinn gibt, hat dadurch automatisch eine Richtschnur für ein erfüllteres und intensiveres Leben. Denn allein die Tatsache, dass wir Menschen heute ins Weltall fliegen und viele Aufgaben einer künstlichen Intelligenz überlassen, hilft uns bei den wirklichen Grenzerfahrungen des Lebens nicht weiter. Sobald wir Neuland betreten oder etwas tun müssen, was über unsere Erfahrung hinausgeht, brauchen wir Vorbilder, die uns zeigen, wie wir zum Helden unseres eigenen Lebens werden.

Und ein echter Held sein, das müssen wir alle im Verlauf unseres Lebens – angefangen bei der ersten Grenzerfahrung, der Geburt – bis zur letzten, dem Tod. Früher oder später müssen wir den Mut haben, uns von allem Vertrautem zu lösen und uns in eine unerforschte Realität zu begeben. In früheren Zeiten dienten Geschichten als Kompass für die wahren Herausforderungen des menschlichen Lebens. Und heute? Viele Menschen sind noch immer auf der Suche nach Helden. Allerdings heißen diese nicht mehr Herakles oder Odysseus, sondern sie tragen die Namen von Musikern, Prominenten, Wissenschaftlern, Coaches oder sonstigen Gurus. Wirkliche Antworten können wohl die wenigsten von ihnen geben.

Dieses Buch soll eine Anregung für dich sein, deine eigene Heldengeschichte zu erschaffen. Denn wenn du ein Leader bist oder werden möchtest, bist du immer auch in der Rolle eines Helden. Du gibst alte Gewissheiten auf. Du begibst dich in eine unbekannte Welt. Du hast eine Mannschaft an Bord, die dir vertraut. Du musst für alle Eventualitäten gut gerüstet sein. Wenn dunkle Wolken aufziehen, vielleicht sogar ein Gewitter oder ein Sturm drohen, sind es deine Haltung, deine Ausstrahlung, deine Klarheit und deine Gelassenheit, die dich zum Leuchtturm für andere werden lassen.

Auf der Suche nach Vorbildern und Helden, die dafür Orientierung geben können, bin ich in der Natur fündig geworden. Dafür musste ich nicht lange suchen und auch keine weiten Wege zurücklegen. Denn das faszinierende Wirken, Funktionieren, Werden und Vergehen der Natur können wir täglich erleben und beobachten. Wer einmal begonnen hat, sich intensiv mit den natürlichen Prinzipien des Lebens zu beschäftigen, wird darin eine tiefe Weisheit und Sinnhaftigkeit entdecken, die uns dabei helfen kann, das Vakuum unserer modernen Zeit zu füllen. Die Natur erzählt uns die wunderbarsten Heldengeschichten. Und das Beste: Sie existiert nicht irgendwo »da draußen« – wir alle sind ein Teil von ihr und untrennbar mit ihr verflochten.

In jedem von uns steckt ein Funken des gesamten Kosmos – der »Gott in uns«, wie der Psychoanalytiker C. G. Jung treffend formulierte.

Einer meiner größten Helden ist übrigens der Wolf. Und das nicht nur wegen der Namensgleichheit! Seine Unabhängigkeit, sein Mut, seine Hingabe, seine Opferbereitschaft und seine Loyalität beeindrucken mich so sehr, dass ich seinen Führungsqualitäten ein ganzes Kapitel gewidmet habe. Der Wolf ist ein Teamplayer, der erst in der Gemeinschaft der Familie zu seiner vollen Stärke findet. Der Wolf zeigt uns, dass erfolgreiche Führung stets auf einem harmonischen Gleichgewicht zwischen starken Bindungen und einer natürlichen, souveränen Durchsetzungsfähigkeit beruht. Dein tiefstes Potenzial als Leader wirst du dann erleben, wenn es dir gelingt, diese Balance herzustellen.

2. KAPITEL
MANAGEMENT BY NATURE: ANPASSUNGSFÄHIG, NACHHALTIG, ERFOLGREICH

Glaube an die Prinzipien der Natur

Die Art und Weise, wie eine Gesellschaft mit den wirklich wichtigen Fragen des Lebens umgeht, hat zwangsläufig Auswirkungen auf die Art und Weise, wie sie wirtschaftet. Wer die Jagd oder die Landwirtschaft als ein spirituelles Ereignis betrachtet, kommt nicht auf die Idee, die Natur kontrollieren zu wollen. Die Erfahrungswelt unserer Vorfahren bezog sich auf die Gegenwart; langfristige strategische Planungen oder eine Vorratsproduktion lagen gedanklich wie technologisch jenseits ihres Horizonts.

Mit der Verdrängung des Mythos durch den Logos begannen westliche Gesellschaften jedoch, den Blick in die Zukunft zu richten. Dadurch veränderte sich ihre wirtschaftliche Basis grundlegend. Sie waren nun in der Lage, Kapital zu bilden, zu vermehren und ihre Ressourcen mit technischen Mitteln zu reproduzieren. Dank wissenschaftlicher Erkenntnisse gelang es, die Natur zu manipulieren und effizienter zu nutzen. Wirtschaft im Sinne des Logos bedeutet für Unternehmen, ihr Kapital zu vermehren und eine möglichst hohe Rendite zu erwirtschaften. Die Fokussierung auf Effizienz, Pragmatismus, Wachstum und höhere Renditen hat allerdings dazu geführt, dass ein Aspekt völlig vergessen wurde: Unternehmen und Organisationen sind keine seelenlosen Automaten, sondern lebendige Organismen. In gewisser

Weise sind sie durchaus mit uns Menschen vergleichbar: Wenn unsere Seele leidet und nicht gehört wird, manifestiert sich das Leid als Krankheit im Körper – im Unternehmen zeigt es sich als Krise.

Den Organismus als ein ganzheitliches Wesen zu betrachten, dessen Gesundheitszustand ein komplexes Zusammenspiel psychischer, physischer und umweltbedingter Faktoren darstellt – so wie es die Naturvölker oder die traditionelle chinesische Medizin seit Jahrtausenden tun –, wird in weiten Bereichen unserer wissenschaftlichen Welt noch immer als Mythos betrachtet. Weder im Medizin- noch im BWL-Studium lernen Studenten ernsthaft, Zusammenhänge jenseits unseres linearen, rational-analytischen Wissenschaftsverständnisses zu verstehen – obwohl wir angesichts riesiger Herausforderungen in Politik, Wirtschaft und Gesellschaft dringend neue Antworten bräuchten.

Wir stehen vor einer Zeitenwende: Die Megatrends Digitalisierung, Globalisierung, Konnektivität, Gesundheit, Neo-Ökologie und New Work – vom Zukunftsinstitut[2] als *Lawinen in Zeitlupe* bezeichnet – treffen auf globale Krisen wie Pandemien, Rohstoffknappheit, Klimaveränderungen, Migrationsströme und militärische Konflikte, wodurch der Veränderungsdruck nochmals enorm zunimmt. Die Lawine nimmt an Fahrt auf. Darin liegt eine große Chance. Denn Krisen waren sowohl in der Natur als auch in Gesellschaften schon immer der Motor für bahnbrechende Veränderungen. Möglicherweise erleben wir gerade die Geburt eines neuen, ganzheitlichen Verständnisses von Wirtschaft. Denn wenn wir Unternehmen als lebendige Systeme betrachten, dann wird klar, dass eine langfristige und nachhaltige Existenzsicherung nicht darin bestehen kann, lediglich eine möglichst hohe Rendite zu erwirtschaften. Auch Unternehmen und Organisationen benötigen eine Lebensaufgabe, also etwas, das ihrer Existenz einen Sinn verleiht. Immer mehr Menschen möchten sich in ein innovatives Unternehmen einbringen, das mit sinnvollen Produkten oder Dienstleistungen einen Mehrwert erschafft, nachhaltig wirtschaftet und sein unternehmerisches Handeln nach ethischen Aspekten ausrichtet, kurzum: eine Heldengeschichte erzählt. Dafür braucht es aber Vorbilder.

Doch wo findet man diese? Gibt es denn ein dauerhaft erfolgreiches Unternehmen, welches Krise als Chance begreift, ständig dazulernt, sich selbst organisiert und immer wieder neu erfindet? Ein agiles Unternehmen, das eine kraftvolle Vision hat und für das Innovation und Nachhaltigkeit die wichtigsten Prinzipien sind?

Ja – das gibt es. Die Natur ist ein solches Vorbild. Sie ist das genialste, erfolgreichste, anpassungsfähigste, innovativste und nachhaltigste Unternehmen aller Zeiten – und das seit Millionen Jahren. Als erprobte Krisenmanagerin findet sie immer wieder Lösungen. Sie erschafft einen Mehrwert, indem sie ein ausreichendes Platz- und Nahrungsangebot für ihre Bewohner zur Verfügung stellt. Und da sie sich immer wieder neuen Rahmenbedingungen anpassen muss, kann man sie ohne Weiteres als Erfinderin des Changemanagements bezeichnen. Kein anderes Unternehmen hat diese Leistung jemals erreicht.

Die Erfolgsstory der Natur ist eine Quelle der Inspiration für unsere Wirtschaft. Wir müssen nur ihre Erfolgsrezepte einmal genau anschauen! Natürlich lässt sich das Geschehen in der Natur nicht eins zu eins auf unseren Kontext übertragen. Das muss es auch gar nicht. Die Natur hat kein Bewusstsein. Sie handelt nicht nach einem zuvor definierten Wertekatalog. Sie kopiert immer wieder das, was sich irgendwann einmal als erfolgreich erwiesen hat, in der Natur heißt das: was überlebt hat. Das muss auch nicht zwangsläufig der Größte und Stärkste sein. Manchmal sind es einfach nur die besonders Cleveren, die sich durchsetzen. Unternehmen können davon einiges lernen. Die unzähligen kleinen und großen Erfolgsgeschichten aus der Welt der Flora und Fauna sind nämlich hervorragende Metaphern, um zu verstehen, wie Nachhaltigkeit und Innovation funktionieren können. Und genau darum geht es.

Die Natur ist ohnehin nichts von uns Getrenntes, seit jeher sind wir ein Teil von ihr. Stetiger Wandel ist Bestandteil unserer DNA. In den vergangenen sechs Millionen Jahren, seit wir Menschen uns allmählich auf der Erde ausgebreitet haben, mussten wir uns oft verändern. Klimaveränderungen und wechselnde Umwelteinflüsse zwangen bereits unsere frühesten Vorfahren, sich immer wieder anzupassen. Dass es unsere Spezies noch immer gibt, zeigt aber auch, dass wir durchaus in der Lage sind, Krisen zu meistern. Sonst hätte uns die Natur schon längst in ihrem Archiv unter »Gescheiterte Innovationen« abgelegt und vergessen. Ob es uns allerdings in einigen Hunderten oder Tausenden Jahren noch gibt, hängt davon ab, ob wir in der Lage sein werden, uns daran zu erinnern, dass wir irgendwann einmal aus dem Wasser ans Land gekommen sind und Teil der uns umgebenden Natur sind. Denn die Herausforderungen, denen wir heute gegenüberstehen, haben wir selbst verursacht. Ich bin überzeugt, dass wir vor einem umfassenden Transformationsprozess stehen. Möglicherweise ist unser altes Geschäftsmodell gescheitert. Wir betreten Neuland. Wir müssen alte Gewissheiten loslassen und neue Wege suchen. Das Problem mit uns Menschen ist nur, dass wir eigentlich gar keine Veränderungen mögen. Und schon gar keine Krisen. Unsere Welt soll möglichst immer heil bleiben. Doch das ist eine Illusion!

Ein wesentliches Prinzip des Lebens besteht nämlich darin, dass Altes absterben muss, um Platz für Neues zu schaffen. Denn nur ein Organismus, der sich immer wieder erneuert, ist auf Dauer lebensfähig. Regenerationsprozesse gehören also zur Natur. Ein wunderbares Beispiel dafür ist der mexikanische Schwanzlurch Axolotl: Verliert er ein Bein, wächst ihm innerhalb von fünf Wochen ein komplett neues nach. Auch wir Menschen erhalten uns durch Regenerationsprozesse gesund. Fast alle menschlichen Zellen erneuern sich ständig. Wer mit dem Rauchen aufhört, spürt bereits nach zwei Tagen, dass sich der Geruchs- und Geschmackssinn erholen, nach zwölf Wochen stabilisieren sich Kreislauf und Lunge und nach fünf Jahren ist das Herzinfarktrisiko nicht größer als das eines Nichtrauchers. Unser größtes Organ, die Haut, erneuert sich in nur einem Monat – also zwölfmal pro Jahr! Wird unserer Leber ein Teil entnommen, so wächst diese in nur sechs Monaten wieder zu ihrer ursprünglichen Größe. Und unser Skelett erneuert sich alle acht Jahre.

Wie unsere Zellen unterliegt auch unsere gesamte Persönlichkeit einem ständigen Wandel, denn jede Lebensphase bringt ganz eigene Entwicklungs- und Reifeprozesse mit sich. Das gilt auch für Gesellschaften und Unternehmen, sind sie doch auch lebendige Organismen, die aus vielen einzelnen Menschen bestehen! Veränderungen sind ein *not-wendiger* Teil unseres Lebens. Der Axolotl denkt nicht darüber nach, wie er es anstellen soll, ein neues Bein zu bekommen. Er spürt auch keinen Schmerz und betrauert nicht den Verlust. Er lässt das neue Bein einfach wachsen. Wir Menschen machen uns das Leben da häufig unnötig schwer, indem wir uns damit beschäftigen, wie schmerzhaft das nun alles ist, was wir verloren haben und was künftig nicht mehr möglich sein wird … Wir können uns das Leben aber auch leichter machen, indem wir ein positives Bild unserer Zukunft entwickeln – und der Heilkraft der Natur vertrauen. Dieses Vertrauen in die Natur und in eine an ihr orientierten Lebensweise sowie die Akzeptanz der Weisheit natürlicher Entwicklungen und Fügungen bildet die ***Glaubensbasis für ein Management by Nature***. Denn wie ich in der Einleitung schon sagte, sind Leadership und Glaube für mich nicht zu trennen. Woran glaubst du, was sind deine Werte?

Abb. 1 Der Phönix – Logo von Natural Leadership (Leadership Coaching)

Für meine Marke habe ich den Phönix als Logo gewählt. Warum? Dieser mythische Vogel verbrennt am Ende seines Lebenszyklus, um anschließend aus seiner Asche wieder neu aufzuerstehen. In verschiedenen Kulturen wird er daher als Symbol der Wiedergeburt, der Erneuerung und der Unsterblichkeit verehrt. Der Phönix symbolisiert den ewigen Kreislauf des Werdens und Vergehens der Natur, er steht für Transformation und Veränderung. Feuer gilt als reinigendes Element, daher ist der Phönix **das** Sinnbild der Transformation und Veränderung. Kaum ein Mythos passt so perfekt in diese Zeit! Wir müssen all das loslassen, was uns Menschen und der Natur, in der wir leben, schadet und uns nicht weiterbringt. Nur so kann etwas Neues entstehen! Denn eine Wirtschaft, die lediglich auf schnellen Profit durch industrielle Massenproduktion qualitativ minderwertiger Produkte setzt, ist nicht natürlich. Eine von Technik dominierte Lebensweise, die sich nicht an den Bedürfnissen der Menschen orientiert, macht krank. Rücksichtsloses Profitstreben und der Glaube an die Notwendigkeit fortwährenden Wirtschaftswachstums erschweren ein friedliches Miteinander und zerstören die Umwelt! Doch *»in einer zerstörten Welt kann man auch nicht erfolgreich* *wirtschaften*«, stellte der Dalai Lama in einem Interview[3] fest und bezeichnete das »*Leben, Arbeiten und Wirtschaften mit der Natur – und nicht mehr länger gegen sie – als unseren großen Lernprozess*«. Ein von der Natur inspiriertes Management erkennt an, dass wir nur dann erfolgreich wirtschaften, wenn wir die Reinheit von Erde, Luft und Wasser, die Vielfalt der Pflanzen und Tiere sowie die Rhythmen der Natur schützen und die Menschen in unserem Wirtschaftssystem wertschätzen. Respekt ist daher das wichtigste Prinzip dieses Führungsstils – sowohl vor der Natur in der Umwelt als auch vor der Natur in uns Menschen.

Unternehmen als lebendiger Organismus

Management by Nature bedeutet, Unternehmen und Organisationen einmal aus einer ganz anderen Perspektive zu betrachten: als lebendige Organismen. Diese Vorstellung ist tatsächlich noch relativ neu. Es hat den Anschein, dass in vielen Führungsetagen des Topmanagements die klassische Betriebswirtschaftslehre noch immer einen hohen Stellenwert genießt, obwohl es mittlerweile zahlreiche neuere Ansätze gibt.

Die klassische Betriebswirtschaftslehre beschäftigt sich mit der Führung, Steuerung und Organisation eines Unternehmens. Ihr Ziel besteht darin, Konzepte und Methoden zur Verbesserung der betrieblichen Leistung zu entwickeln. Dafür betrachtet sie die formalen Strukturen einer Organisation, also ihre Hierarchien, Regeln, Prozesse und Methoden. Anhand dieses Wissens wird dann versucht, Organisationen zu verstehen und dadurch ihre Effizienz, Rentabilität und Wettbewerbsfähigkeit zu steigern.

Das funktioniert auch ganz prima, wenn es darum geht, einen Werkzeugkoffer für die Analyse von Entscheidungsprozessen zu haben und Handlungsempfehlungen zur Optimierung betrieblicher Entscheidungen zu geben. Diese sogenannte »neue Betriebswirtschaftslehre« entstand Ende des 20. Jahrhunderts, also zu Zeiten der Hochindustrialisierung und der Wirtschaftswunder, als die Zukunft noch grenzenlos und rational planbar schien und auch noch kein Bewusstsein für die Grenzen und Schattenseiten des Wachstums vorhanden war. Dieses entstand erst ein ganzes Jahrhundert später.

Daher wundert es auch nicht, dass der klassischen Sichtweise ein Verständnis zugrunde liegt, welches Unternehmen und Organisationen als eine Art Maschine betrachtet. Denn auch Maschinen haben einen bestimmten Zweck: Sie sollen eine möglichst hohe Rendite erwirtschaften und das eingesetzte Kapital mehren. Eine Maschine ist zudem vollkommen planbar und berechenbar: Jeder, der die Bedienungsanleitung gelesen und sich mit ihr beschäftigt hat, weiß, wie sie bedient oder gesteuert wird.

Ein Unternehmen als Kaffeemaschine – diesen unterhaltsamen Vergleich stellt der Autor und Journalist Matthias Nöllke in seinem Buch »So managt die Natur«[4] an. Ein Kaffeeautomat findet sich schließlich in jedem Unternehmen. Allen ist klar, dass er einem bestimmten Zweck dient, nämlich unterschiedliche Kaffeegetränke herzustellen. Das tut er jedoch nicht aus eigenem Antrieb. Dafür gibt es die Führungskräfte, welche die Maschine mithilfe verschiedener Stellhebel steuern: Drücken sie eine bestimmte Taste, erhalten sie das richtige Ergebnis, zum Beispiel einen Espresso. Falls das einmal nicht wie gewünscht funktioniert und statt Espresso nur Wasser herauskommt, hat entweder die Führungskraft einen Fehler gemacht – oder das Gerät ist defekt. Um den Fehler abzustellen, kann man nun entweder Alternativen ausprobieren, eine komplizierte Gebrauchsanweisung lesen oder einen Servicetechniker, also einen Unternehmensberater, hinzuziehen. Die Kaffeemaschine wird dann vielleicht repariert, teilerneuert oder neu zusammengesetzt. Kann sie ihren Zweck überhaupt nicht mehr erfüllen, dann wird sie abgeschaltet.

Da die Maschinenmetapher einem linearen und kausalanalytischen Prinzip folgt, wird sie immer noch gerne auf Unternehmen übertragen: Tue A, wenn du B erreichen willst. Das ist ebenso einfach wie transparent und nachvollziehbar und dadurch eine große Hilfe bei der Reduktion von Komplexität. Das Verhalten folgt klaren Regeln, Rechtfertigungen sind nicht notwendig. Und last but not least lassen sich die Verantwortlichkeiten klar bestimmen: Wenn etwas nicht klappt, dann ist der schuld, der die falsche Taste gedrückt hat – also ganz klar ein Fehler des Managements. Oder vielleicht klemmt auch die Maschinerie, weil eine Wartung oder Reparatur nötig ist. Oder es waren die Mitarbeiter, die ihre Vorgaben mangelhaft umgesetzt haben, vielleicht sollte man sie besser motivieren oder auf Seminare schicken!

In der Maschinenperspektive gibt es also immer einen guten Grund, warum etwas funktioniert – oder nicht. Daher galt die Maschinenmetapher lange Zeit als Modell, um Stellschrauben zu definieren und Methodenkoffer zu entwickeln.

Bei modernen Organisationen in einem hochdynamischen Marktgeschehen kommt sie jedoch an ihre Grenzen. Dafür gibt es zwei Gründe: Zum einen möchten Menschen gerne als Individuen gesehen werden und nicht als vorhersehbares und leicht zu ersetzendes Teil einer großen Maschine. Und zum anderen hilft die Maschinenlogik bei modernen Entwicklungen wie Digitalisierung, Globalisierung, Individualisierung, New Work und Innovationsdruck nicht weiter. Unternehmen lassen sich nun mal nicht steuern wie Maschinen, und Führungskräfte, die ja selbst ein wesentlicher Teil des Systems sind, können nicht von außen eingreifen, als würden sie einen Kaffeeautomaten bedienen. Auch wenn wir uns im Alltag größtmögliche Kontrolle und Vorhersehbarkeit wünschen – im komplexen Umfeld von Organisationen sind sie eine Illusion. Selbst die konservativsten Unternehmen haben das mittlerweile begriffen und versteckte, agile Lösungen entwickelt, die ihre Wettbewerbsfähigkeit und ihr Überleben unter veränderten Bedingungen sicherstellen.

Für diese sehr informellen Prozesse und dynamischen Formen der Wertschöpfung bietet die Maschinenmetapher keine Hilfestellung. Dafür braucht es eine andere Theorie.

Die *Neue Systemtheorie* von Niklas Luhmann[5] ist ein solcher Ansatz – ein Erklärungsmodell für soziale Systeme, welches eine vollkommen andere Perspektive auf Unternehmen bietet. Wie der Name schon vermuten lässt, besteht der Anspruch der Systemtheorie darin, grundlegende Prinzipien von Systemen zu formulieren. Ein System kann aus ganz unterschiedlichen Elementen zusammengesetzt sein – ein Computernetzwerk, ein biologischer Zellverbund, eine Familie oder eben auch ein Unternehmen oder eine Organisation.

So unterschiedlich diese Gebilde auch aussehen mögen – sie alle haben Gemeinsamkeiten. Die Systemtheorie untersucht identische Strukturen und nutzt diese Erkenntnisse, um dadurch das Verhalten komplexer Systeme vorherzusagen.

Lebende Systeme sind unter anderem dadurch gekennzeichnet, dass sie

- sich selbst steuern,
- nicht von außen geplant und konstruiert werden können,
- sich permanent wandeln und ein Gedächtnis haben,
- an ihr Umfeld gekoppelt sind und sich daran anpassen,
- trotz Veränderungen eine eigene Identität besitzen.

Wendet man die Kennzeichnungen von Luhmann auf Unternehmen an, bedeutet das, dass ein Unternehmen sich selbst steuert, dadurch ein Eigenleben hat, nicht von außen wie eine Maschine gesteuert werden kann, in permanentem Wandel ist, ein kulturelles Gedächtnis hat, anpassungsfähig an sein Umfeld ist und trotz aller Veränderung eine eigene Identität besitzt.

Wenn also ein Unternehmen ein lebendiger Organismus ist – was liegt dann näher, diesen Organismus mit denselben Mechanismen zu führen, die schon seit Jahrtausenden, ja Jahrmillionen in der Natur erprobt sind?

Natural Leadership – von der Natur führen lernen

Wie führt die Natur eigentlich? Was kannst du als Natural Leader von der Natur lernen? Das Wort *Natural* bedeutet »naturgemäß«. Ein *Natural Leader* ist daher in der Übersetzung ein naturgemäßer, ein natürlicher Anführer. Doch was bedeutet das?

Stell dir einmal vor, die Natur besäße eine Führungsakademie, in der ihre erfolgreichsten *Natural Leaders* ausbildet werden. Was wären die Vorlesungen, die Führungskräfte besuchen würden, um Zugang zu den natürlichen Entwicklungen und Fügungen zu bekommen? Welche Strategien und Handlungsweisen, die sich seit Jahrmillionen erfolgreich bewähren, wären wichtig zu verstehen? Was hat sich in einem sich ständig veränderndem Umfeld, geprägt von Unsicherheit und Komplexität, bewährt?

Natural Leadership steht für einen kraftvollen Führungsstil in einem Unternehmen, welches eine (Überlebens-)Strategie gefunden hat und für das Anpassung, Veränderung und Effizienz die wichtigsten Prinzipien sind.

In der Natur sind

- Entwicklung als Mission und Strategie,
- Selbststeuerung und Diversität,
- Empathie und Mitgefühl,
- Klarheit und Selbstmanagement,
- Intuition, Entscheidungen und Resilienz,
- Gemeinschaft als Überlebensfaktor,
- Konfliktlösung ohne Kampf,
- Lebendigkeit und Kommunikation sowie
- Stärkenorientierung und Akzeptanz

natürliche Prinzipien und erprobte Grundsätze. Und genau um diese Elemente geht es in diesem Buch!

3. KAPITEL
DIE 9 FELDER DES NATURAL LEADERSHIP CANVAS

Leadership ist eine Haltung. Und Haltung hat etwas mit *halten* zu tun! Wenn du andere Menschen inspirieren und ein Stück ihres Weges begleiten möchtest, dann sollte es daher in deinem Leben etwas geben, das dich *hält* – etwas, woran du aus tiefster Überzeugung glaubst, was deinem Leben Orientierung gibt und Sinn stiftet. Spiritualität heißt letztendlich nichts anderes, als deinen eigenen *Spirit* zu leben: all das, was du kannst, was du bist und was dich als Menschen wirklich ausmacht. Und da du selbst der Held deines Lebens bist, kannst du auch deine Heldengeschichte selbst schreiben! Ich möchte dir in diesem Kapitel ein Werkzeug vorstellen, das dich dabei unterstützt, dich mit ganzem Herzen auf das Abenteuer Führung einzulassen. Beim Segeln durch unbekannte Gewässer soll es dein Kompass sein, der dich immer wieder auf Kurs bringt. Anders als bei einem Navigationsgerät funktioniert dieser *Natural-Leadership-Kompass* jedoch etwas anders: Indem er sich an deinen Werten, Einstellungen und Grundhaltungen orientiert, begleitet er dich auch auf einer Reise in dein Inneres, zu dir selbst. Alles, was du dazu brauchst, um deine persönliche Haltung als Natural Leader zu entwickeln, ist ein wenig Zeit, um über all das nachzudenken, was dir wirklich wichtig ist. Denn auch jeder Kapitän führt vor Antritt einer Reise einige wichtige Checks durch!

Wie positioniere ich mich als Führungskraft? Stimmt das Ziel? Weiß ich, wo ich wirklich hinwill? Habe ich die Segel richtig gesetzt? Was für ein Bild habe ich von meiner Mannschaft? Sehe ich ihre Stärken und ihr Potenzial?

Was ist meine Rolle an Bord? Habe ich ein engagiertes Team, und was motiviert diese Menschen? Haben sie die gleiche Sehnsucht nach dem Meer wie ich? Wie bleibe ich gesund und leistungsfähig, auch wenn die Fahrt anstrengend und strapaziös wird? Was tue ich, wenn es Konflikte gibt? Wie kommunizieren wir? Und vor allem: Woran glaube ich? Was ist mein Fixstern, der mir auch bei schlechter Sicht und Unwettern Orientierung gibt?

Für alle diese Fragen hat auch die Natur eine Antwort und sie erzählt uns die schönsten Geschichten. Als Rahmen für deinen Natural-Leadership-Kompass dient ein bekanntes Businesstool, das Business Modell Canvas, welches ich um typische Fragestellungen für Leader erweitert und mit Erfolgsrezepten der Natur kombiniert habe. Somit kannst du dir im Verlauf dieses Buches deine eigene, authentische Geschichte schreiben. Im ursprünglichen Sinne ist das Business Modell Canvas ein Tool zur strategischen Planung innovativer Geschäftsideen. Der Schweizer Alexander Osterwalder entwickelte es 2008 und veröffentlichte es in seinem Buch »Business Model Generation«[6]. Mithilfe des Business Modell Canvas kann man das Geschäftsmodell einer Start-up-Idee sehr klar visualisieren und testen, ob dieses unternehmerisch sinnvoll ist. Es dient also als eine Art Kompass im Strategieprozess. Für Visionäre, die Innovationen vorantreiben und neue Impulse setzen wollen, ist das dynamischere Business Modell Canvas mittlerweile häufig die bessere Wahl als der Businessplan. Die Fragestellungen, die dabei relevant sind, können dich auch als Leader weiterbringen, selbst wenn du kein neues Geschäftsmodell entwickeln oder gar kein neues Unternehmen gründen möchtest:

Ist meine Idee unternehmerisch durchdacht? Funktioniert mein Geschäftsmodell, wenn ich mich langfristig am Markt positionieren und viele Menschen erreichen möchte? Welche innovativen Ideen sollte ich entwickeln, um auch in Zukunft erfolgreich zu sein?

Auch als Leader sollte deine *Geschäftsidee* strategisch klug und nachhaltig sein, wenn du dich langfristig positionieren und die Menschen in deinem Umfeld erreichen möchtest. Ich habe daher die neun Schlüsselfaktoren des Business Modell Canvas durch neun essenzielle Schlüsselfragen für Leader ersetzt und mit einem Praxisbeispiel aus dem Management der Natur ergänzt. Das Tool eignet sich sowohl für Neueinsteiger in eine Führungsposition als auch für alte Hasen, die innovative Zukunftsideen als Leader entwickeln wollen. Der Charme des Natural Leadership Canvas liegt darin, dass es schnell und einfach anzuwenden ist. Alles, was du dafür benötigst, ist ein Flipchart oder großes Blatt Papier. Die neun Schlüsselfaktoren werden als neun Felder eines Rechtecks aufgezeichnet. Das sieht dann folgendermaßen aus:

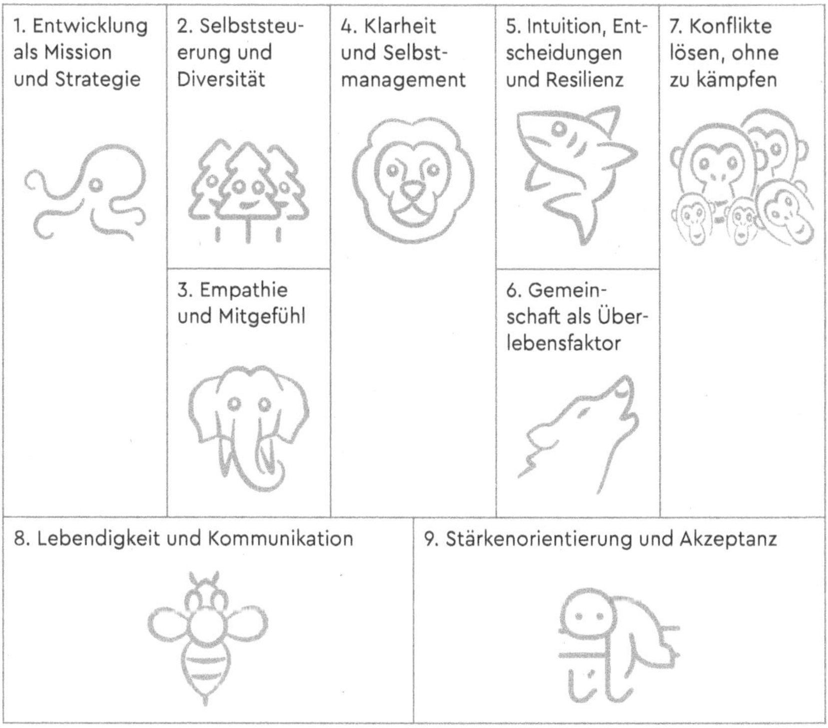

Abb. 2 Das Natural Leadership Canvas – Gesamtübersicht

Als Nächstes geht es darum, die Felder mit Inhalten zu füllen. In den folgenden Kapiteln beschreibe ich die Bedeutung jedes Feldes ausführlich. Jedes Kapitel enthält konkrete Tipps für deine Führungspraxis, Reflexionsfragen oder Checklisten.

Auf meiner Webseite kannst du dir unter folgendem Link die Vorlagen für dein Natural Leadership Canvas herunterladen und ausdrucken:

https://www.naturalleadership.coach/management-by-nature/

Du findest dort elf Seiten – neun einzelne für jedes Prinzip – sowie die oben abgebildete Gesamtübersicht und eine weitere Seite für die Essenz deiner Geschichte. Nachdem du ein Kapitel durchgearbeitet hast, kannst du die Zusammenfassung deiner Gedanken direkt auf das entsprechende Einzelblatt schreiben.

So entwickelst du allmählich deine eigene Story und erhältst gleichzeitig eine Art Navigationshilfe, auf die du im Führungsalltag immer wieder zurückgreifen kannst. Ganz am Ende des Buches überträgst du deine wichtigsten Erkenntnisse auf die Gesamtübersicht. Wie das alles funktioniert und was dabei zu beachten ist, erkläre ich dir im letzten Kapitel.

PRAXISTIPP 1

Ich empfehle dir, großformatig zu arbeiten und die Gesamtübersicht des Natural Leadership Canvas am besten im DIN-A3-Format auszudrucken. Für eine optimale Übersicht kannst du die Bögen auch gut sichtbar an die Wand hängen.

PRAXISTIPP 2

Gestalte das Ausfüllen als agilen, also flexiblen Prozess! Dazu eignen sich Post-its besonders gut. Dadurch kannst du die Inhalte jederzeit ganz nach Belieben ergänzen, verschieben und verwerfen.

PRAXISTIPP 3

Du kannst die Felder für dich allein ausfüllen und reflektieren. Oder – was auch spannend ist – du setzt dich anschließend mit einer Person deines Vertrauens zusammen und erklärst diesem Menschen, warum dir diese Grundsätze, Vorgehensweisen und Werte besonders wichtig sind. Dadurch wirst du für dich noch mehr Klarheit entwickeln, was sich positiv auf deine Überzeugungskraft und deine Ausstrahlung auswirken wird.

Prinzip 1:
Der Oktopus – Entwicklung als Mission und Strategie

»Es ist nicht die stärkste Spezies, die überlebt, auch nicht die intelligenteste, sondern diejenige, die am besten auf Veränderungen reagiert.«

(Charles Robert Darwin)

Willkommen an Bord! Die erste Etappe unserer Reise wird uns zu einer grundlegenden Frage führen. Einer Frage, auf die nicht nur jede Organisation, sondern auch jeder Mensch eine Antwort finden sollte. Vor allem für dich als Leader ist sie von zentraler Bedeutung, und daher steht sie auch ganz am Anfang: die Frage nach dem Warum. Diese kleine Frage, die durch weitere Aspekte ergänzt werden kann, hat eine enorme Wirkung: Sie motiviert, inspiriert und verleiht deiner Existenz einen Sinn.

Warum bist du hier? Warum gibt es dich? Was ist deine wahre Aufgabe? Und was möchtest du bewirken in der Welt? Und vor allem: Warum möchtest du andere Menschen führen?

Wenn du ein echter Anführer sein und deine Mannschaft inspirieren möchtest, solltest du dir zunächst die Zeit nehmen, um auf diese Fragen klare Antworten zu finden. Vielleicht findest du dabei ja auch heraus, dass du doch eher ein leidenschaftlicher Gärtner oder ein begeisterter Techniker oder Vertriebler bist. Auch das wäre eine unglaublich wertvolle Erkenntnis, denn dann kannst du dir in aller Ruhe überlegen, wie es dir gelingen kann, deiner wahren Passion nachzugehen und sie zu deiner Berufung zu machen.

Um jedoch als Führungskraft Erfüllung zu finden, solltest du – dir selbst und den Menschen, die du führst, zuliebe – ehrliche, überzeugende Antworten auf das *Warum* in dir spüren! Dein *Warum* ist deine Konstante und dein Halt in einer Welt voller Veränderungen. Dieser Halt kann nur von innen kommen! Äußere Faktoren wie ein höheres Gehalt oder die Anerkennung, die mit dem Erreichen einer bestimmten Position verbunden ist, vermitteln keinen Sinn und motivieren dich bestenfalls kurzfristig.

Wenn wir Unternehmen und Organisationen als lebende Organismen betrachten, dann liegt es auf der Hand, dass auch diese einen guten Grund für ihre Existenz brauchen. Es genügt keineswegs, der Branchenprimus zu sein oder die höchsten Gewinne zu erzielen. Die Frage nach dem *Warum* steht daher immer am Anfang eines Strategieprozesses. Die Begriffe Vision und Mission werden häufig synonym verwendet, haben aber eine unterschiedliche Bedeutung. Eine Vision beschreibt die gewünschte Zukunft, steht also für den langfristigen Traum des Unternehmens. Die Mission konkretisiert dieses Zukunftsbild, indem sie den Zweck und die grundlegenden Aktivitäten beschreibt, also *warum, was* und *für wen* das Unternehmen etwas tut. Ich verwende den Begriff Mission, weil er für mich mehr Selbstverständnis und Antrieb verkörpert.

Die stärksten Missionen oder *Missions* sind oft die einfachsten Dinge auf der Welt. Eine kraftvolle Mission motiviert, schafft Orientierung und stiftet Sinn. Im Idealfall identifizieren sich die Mitarbeiter damit und tragen dazu bei, dass sich ihre Wirkung nach innen und außen entfaltet. Viele Unternehmer wissen das – setzen es aber nicht konsequent um. Daher bringen Unternehmen und Organisationen in den meisten Fällen keine echten Missionen in die Welt, sondern verfolgen lediglich monetäre Ziele.

Im Gegensatz zu einem quantitativen Ziel ist eine Mission allerdings weder messbar noch lässt sie sich in Quartalszahlen ausdrücken. Im ursprünglichen Sinne stellt sie die Beschreibung einer höheren Aufgabe dar – sie ist also die Lebensaufgabe des Unternehmens. Man könnte auch sagen: Sie stellt die Verbindung zu einem höheren Zweck her, also zu etwas, das größer ist als man selbst. Erfolgreichen Unternehmen gelingt es, durch die Kraft ihrer Mission etwas Überdauerndes in die Welt zu bringen, etwas, woran Menschen sich orientieren und woran sie glauben können.

Das Warum der Natur

Auch die Natur hat eine Antwort auf die Frage nach dem Warum. Ihre Mission ist ebenso kraftvoll wie einfach: ständige Weiterentwicklung, damit die Art überlebt. Das ist ihr höherer Zweck. Und mehr braucht sie auch gar nicht. Alle ihre gegenwärtigen und künftigen Aktivitäten sind auf diese eine Aufgabe ausgerichtet. Und auch die Strategie zum Erreichen dieser Mission ist klar und simpel: Alles, was sich bewährt hat, wird beibehalten, wiederholt oder optimiert. Alles, was sich nicht bewährt hat, landet im Papierkorb. Dadurch befindet sich die Natur wie selbstverständlich in einem permanenten Wandel. Ihr Erfolgsrezept ist die fortlaufende Veränderung. Scheitert die Natur mit einer Entwicklung, startet sie einen neuen Anlauf. Dabei funktioniert ihre Überlebensstrategie nach dem Prinzip einer Bernoulli-Verteilung, die auch 0/1-Verteilung genannt wird. In der Wahrscheinlichkeitsrechnung benutzt man diese Methode zur Beschreibung zufälliger Ereignisse, bei denen es nur zwei mögliche Versuchsausgänge gibt: Erfolg und Misserfolg.

Tritt durch einen zufälligen »Würfelwurf« ein ungünstiger Ausgang (also ein Misserfolg) ein, dann erhöht die Natur die Erfolgswahrscheinlichkeit durch weiteres und schnelleres »Würfeln«. Ihr Erfolgsgeheimnis liegt also darin, dass sie ungünstige Ausgänge durch immer neue Versuche zum Besseren wendet – und dadurch einen permanenten Wandel vorantreibt.

Das ist allerdings nur die eine Seite. Denn Evolution bedeutet keineswegs immer nur Veränderung. In der Natur gilt nämlich noch ein weiteres, essenzielles Prinzip: keine Veränderung ohne Beständigkeit! Das, was sich bewährt hat, wird beibehalten. In der Natur sind Wandel und Beständigkeit keine Gegensätze, sondern zwei Prinzipien, die sich ergänzen, oder die zwei Seiten einer Medaille, die erst gemeinsam ein Ganzes ergeben. Dieses Polaritätsprinzip ist tatsächlich universell: Alles, was existiert, hat zwei Pole, und jeder hat seine Berechtigung: Tag und Nacht, kalt und warm, Aktivität und Ruhe, Gesundheit und Krankheit, Leben und Tod. Das eine kann ohne das andere nicht bestehen. Nur weil wir die Nacht kennen, wissen wir, was Tageslicht bedeutet. Ohne die Erfahrung von Tod oder Krankheit würden wir das Leben oder unsere Gesundheit nicht schätzen können.

Allerdings sind wir Menschen im Verlauf unserer Kulturgeschichte dazu übergegangen, jeweils einen Pol zu verklären (jenen, den wir für erstrebenswert halten) und den anderen zu eliminieren (jenen, den wir unbedingt vermeiden wollen). Das führt dann unweigerlich zu Bewertungen: Expansion ist gut, Rezession ist schlecht. Bewegung ist gut, Stillstand ist schlecht, steigende Börsenkurse sind gut, fallende sind schlecht und so weiter. Dabei vergessen wir oft, dass Entwicklung nur durch den Wechsel zwischen den Polen entstehen kann. Wenn wir diese natürlichen Abläufe nicht anerkennen, kann es passieren, dass wir aus lauter Angst vor Veränderung viel zu lange an überholten Dingen festhalten und unglücklich werden. Oder dass wir aus Angst vor dem Tod – der letztendlich auch nur eine Form der Veränderung und Teil des Ganzen ist – das Leben und das Gefühl der Lebendigkeit lieber ganz vermeiden. Eine weitere Angststrategie im Umgang mit Veränderungsprozessen ist ein hektischer Aktionismus, oft ohne angemessene Berücksichtigung oder Anerkennung des Bestehenden. Diese Herangehensweise kann dazu führen, dass Veränderungen nicht richtig funktionieren, weil sie die Vielfalt und Wichtigkeit dessen, was bereits existiert, außer Acht lässt.

Die Natur geht da klüger vor. Denn sie ist so weise, beide Pole als gleichberechtigt anzuerkennen. Das hat sie uns voraus. Die Natur weiß: Ein Leben ohne Tod macht keinen Sinn. Altes muss Platz schaffen, damit Neues entstehen kann. Aber auch Umbrüche ohne Beständigkeit ergeben keinen Sinn – sie führen zu Orientierungslosigkeit und Chaos. Der Schlüssel zu einer erfolgreichen Veränderung besteht darin, all das loszulassen, was nicht mehr gebraucht wird, und gleichzeitig das beizubehalten und zu schätzen, was sich bewährt hat und erfolgreich war.

Fortwährende Neuerungen bei gleichzeitiger Stabilität sowie die Akzeptanz, dass Altes sterben muss, und dies alles in hoher Geschwindigkeit und mit maximaler Fehlertoleranz: Das ist die bewährte und erprobte Überlebensstrategie der Natur. In unserer komplexen und teilweise chaotischen Welt könnte dieses Vorgehen ein Weg sein, um ein Unternehmen erfolgreich zu führen.

Der Oktopus: ein genialer Überlebenskünstler

Kaum ein Wesen verkörpert die Mission der ständigen Anpassung und Entwicklung für mich so überzeugend wie der Oktopus – eine der erfolgreichsten, veränderungsfreudigsten und gleichzeitig beständigsten Spezies, die die Natur jemals hervorgebracht hat. Der Oktopus gilt als evolutionäres Wunder: Seit mehr als 400 Millionen Jahren tummelt er sich in unseren Ozeanen und hat bis heute erfolgreich alle Umwälzungen überlebt. Der Kopffüßer mit seinen acht Armen ist in der Tat ein ungewöhnlicher Meeresbewohner: Er besitzt drei Herzen und ein Gehirn, welches nicht nur im Kopf, sondern sich in kleinsten Verästelungen bis in alle seine Extremitäten ausbreitet. Die hochintelligenten und feinfühligen Tiere sind dazu noch echte Sympathieträger. Unvergessen ist wohl der Krake Paul: Bei der Fußball-Weltmeisterschaft 2010 schaffte er es, den Ausgang aller Spiele, bei denen Deutschland beteiligt war, sowie das Endspiel korrekt »vorherzusagen«.

Als leidenschaftlicher Taucher bin ich jedes Mal ganz beglückt, wenn so ein neugieriges Wesen auf mich zukommt, um Kontakt aufzunehmen und mit mir zu spielen. Wird es ihm dann doch einmal zu bunt, so verschwindet er blitzschnell – dafür steht ihm eine Art Düsentriebwerk zur Verfügung, mit dem er es locker mit jedem Profisprinter aufnehmen kann.

Oktopoden sind hochflexibel und reagieren sofort auf kleinste Veränderungen ihrer Umgebung. In der Kunst der Anpassung und Tarnung haben sie meisterhafte Fähigkeiten entwickelt. Ob Seegras, Sandboden, Stein oder Korallenriff: Innerhalb von Sekundenbruchteilen verschmilzt der Oktopus mit seinem Hintergrund, indem er seine Farbe und Musterung der Umgebung anpasst. Ein besonders talentierter Verkleidungskünstler ist der indonesische Mimik-Oktopus, der deswegen auch Karnevalstintenfisch genannt wird. Das Schauspieltalent besitzt nämlich die Fähigkeit, bis zu 15 verschiedene Lebewesen perfekt zu imitieren. Dadurch schützt er sich vor Feinden oder verschafft sich einen Vorteil bei der Jagd. So wird er je nach Farbmuster und Einsatz seiner acht Arme mal zur giftigen Seeschlange, zum Plattfisch, zur Seeanemone oder zum Löwenfisch. Dem eher harmlos aussehenden Tintenfisch gelingt es sogar, bizarre Formen anzunehmen und sich dadurch in einen gefährlich und unheimlich anmutenden Kraken zu verwandeln!

Forscher gehen davon aus, dass der Mimik-Oktopus die Fähigkeit zur kognitiven Empathie besitzt, da er zwischen Objekt und Subjekt unterscheiden und sich in andere hineinversetzen kann. Seine Täuschungen sind auch keine Reflexe, sondern das Resultat eines kontinuierlichen Lern- und

Verbesserungsprozesses: Alle Manöver, die sich in der Vergangenheit als wirksam erwiesen haben, werden angewendet und optimiert.

Wird ein Oktopus trotz aller Täuschungsstrategien einmal verletzt, so verfügt er über erstaunliche Regenerationsfähigkeiten. Verlorenes Gewebe kann er wiederherstellen und sich dadurch bis zu einem gewissen Grad selbst heilen. Und das ist noch längst nicht alles – der Oktopus kann noch mehr. Es hat den Anschein, dass die Evolution vor langer Zeit zwei Versuchsreihen mit unbekanntem Ausgang gestartet hat: Aus der einen entwickelte sich der Mensch, aus der anderen der Tintenfisch. Diese Vermutung liegt nahe, wenn man sich einmal das Genom dieser Spezies betrachtet, welches auf der Welt einzigartig ist und die Forscher immer wieder vor Rätsel gestellt hat. Das Erbgut der Oktopoden und Kalmare ist ungewöhnlich groß und gehört zu den größten bekannten Tiergenomen überhaupt. Es ist teilweise sogar größer als unsere menschliche DNA, enthält mehr Basenpaare und ist dazu noch völlig unterschiedlich aufgeteilt und strukturiert. Dieser ungewöhnlichen Anordnung der Chromosomen auf den Genen verdankt der Oktopus mehr als 500 Genblöcken mit völlig neuartigen Genkombinationen. Wissenschaftler vermuten daher, dass das hochkomplexe Nervensystem sowie die enorme Lernfähigkeit und Intelligenz der Tintenfische auf diesen genetisch bedingten Evolutionsschub zurückzuführen sind.

Der clevere Kopffüßer ist sogar in der Lage, beim Denken sein Erbgut spontan zu verändern. Das Nervensystem enthält dadurch mehr Proteine und kann sich somit sehr schnell an veränderte Umweltbedingungen anpassen – eine Fähigkeit, die in der Natur tatsächlich beispiellos ist. Die herausragende Stellung, die der Oktopus in der Evolution einnimmt, inspirierte einige Forscher sogar zu der kühnen Hypothese, er könne aus einem evolutionär weiter entwickelten System als der Erde stammen. Ein Alien also, der womöglich vor Jahrmillionen in Form gefrorener Eier auf die Erde kam!

Ob Außerirdischer oder nicht – Oktopoden gehören wohl zu den ältesten Lebewesen auf der Welt. Es gab sie bereits lange vor unserer Zeit, und möglicherweise werden sie uns sogar überleben. Für mich ist der Oktopus ein echter Held der Evolution und Quelle der Inspiration für innovative Strategien und Geschäftsideen, wenn es darum geht, langfristig in einem schwierigen Umfeld zu überleben.

COACHING-TIPPS VOM OKTOPUS

Als Natural Leader kannst du dir von dieser uralten und sehr eigenwilligen Tierart, die perfekt auf Veränderungen ihrer Umwelt reagiert, eine Menge abschauen. Dabei geht es nicht darum, das Verhalten des Oktopus eins zu eins zu kopieren. In einem übertragenen Sinne zeigt er dir, wie du es schaffen kannst, du selbst zu bleiben und gleichzeitig wandlungsfähig zu sein.

TIPP 1: Sei anpassungsfähig und flexibel

Die Herausforderungen unserer VUCA-Welt und sich ständig ändernde Marktanforderungen lassen sich durchaus mit einem rauen Ozean vergleichen. Hier ist eindeutig derjenige im Vorteil, der flexibel reagiert, sich an verschiedene Umgebungen anpassen und stets auf neue Situationen einstellen kann. Der Oktopus besitzt die außergewöhnliche Fähigkeit, sich durch permanente Veränderung seiner Form und Farbe an seine Umwelt anzugleichen. Er lernt von anderen Meeresbewohnern, indem er immer wieder verschiedene Rollen und Funktionen einnimmt und die Ergebnisse im Hinblick auf ihren Erfolg bewertet. Diese Anpassungsfähigkeit gehört zu den Future Skills jeder Führungskraft! Die Herausforderungen deiner Führungsaufgabe meisterst du dann am ehesten, wenn du permanent dein Umfeld beobachtest und dabei immer wieder neue und alternative Ansätze findest. Lass dich von anderen Branchen und Unternehmen inspirieren, um neue Ideen zu entwickeln. Versetze dich in die Welt deiner Kunden, Mitarbeiter und Mitbewerber hinein, und erspüre, was ihnen wichtig ist.

TIPP 2: Sei bei dir und kenne dein Warum

Das Genom des Tintenfischs ist in der Natur einmalig. Und wer weiß? Vielleicht stammt es sogar von einem anderen Planeten. Erfolgreiche Menschen und Unternehmen wirken auch zuweilen wie Aliens, weil sie Dinge völlig anders tun, damit Erfolg haben und sich dadurch deutlich von der Masse abheben. Sie kennen ihr *Warum*, haben ein unverwechselbares Image und sind stolz auf die Einmaligkeit ihrer Produkte oder Dienstleistungen, die sie von anderen unterscheiden. Was ist das Besondere an deinem Unternehmen, deinem Produkt, deiner Dienstleistung oder dem Service, den du bietest? Worin seid ihr als Team oder als Organisation ein echter Alien? Finde es heraus und sorge dafür, dass deine Mitarbeiter und Kunden es ebenfalls wissen!

TIPP 3: Fördere Kreativität und Innovation

Durch seine herausragende Intelligenz und Kreativität ist der Oktopus in der Lage, knifflige Probleme zu lösen und schwierige Herausforderungen zu meistern. Dabei integriert er jene Verhaltensweisen, die erfolgreich waren, und verwirft all das, was nicht funktioniert hat. Für ihn sind Fehler kein Missgeschick, sondern wichtiger Bestandteil des Lernprozesses! Um wirklich neue Produkte, Dienstleistungen und Geschäftsmodelle zu entwickeln, die deinem Unternehmen einen Vorsprung verschaffen, solltest du wie der Oktopus vorgehen: Setze innovative Ansätze und Werkzeuge ein und entwickle auf diese Weise die kreative Problemlösefähigkeit deiner Mitarbeiter. Erschaffe bewusst eine Umgebung, in der Fehler nicht als Problem, sondern als notwendiger Bestandteil des Innovationsprozesses gesehen werden.

Die cleveren Oktopus-Strategien finden sich in unterschiedlichen Ansätzen wieder: dem Growth Mindset, der lernenden Organisation und der modernen Markenführung.

Veränderungsfähigkeit durch Growth Mindset

Unsere Intelligenz und unsere Fähigkeiten sind ausbaufähig. Davon geht die renommierte Psychologin Dr. Carol Dweck in ihrem Konzept des *Growth Mindsets*[7] aus, welches sie 2006 entwickelte. Eine hohe Popularität erlangten ihre Studien erst im Jahr 2014, als der Microsoft-CEO Satya Nadella die Prinzipien des Growth Mindset als Leitgedanken der Unternehmenskultur postulierte. Seine Vision: die vorherrschende Kultur von der Wissens- zur Lernkultur zu entwickeln!

Jeder von uns kann wachsen, lernen und neue Herausforderungen annehmen – und das lebenslang. Aus der Hirnforschung weiß man, dass unser Gehirn bis ins hohe Alter hinein in der Lage ist, neue Synapsen und Verbindungen herzustellen. Diese ständige Fähigkeit unseres Gehirns, sich immer wieder auf neue Umweltanforderungen einzustellen, nennt man Neuroplastizität. Wird sie bewusst eingesetzt, wirkt sie stabilisierend und selbsterhaltend. Allerdings ist auch der gegenteilige Effekt möglich: Diejenigen Netzwerke, die nicht genutzt werden, werden allmählich abgebaut. Ein Effekt, den wohl jeder kennt: Wenn du jeden Tag eine neu begonnene Sportart einübst oder eine neue Sprache lernst, machst du schnell Fortschritte. Wenn du dagegen Dinge, die du irgendwann einmal gelernt hast, nicht anwendest, verlernst du sie bald wieder. Eine wichtige Voraussetzung beim Lernen: Du musst Freude an dem verspüren, was du tust. Für das Gehirn sind positive Emotionen der Turbo aller Lernprozesse!

Lebenslanges Wachstum ist ein natürlicher Prozess. Daher kann im Prinzip jeder von der Anpassungsfähigkeit seines Gehirns profitieren. Ein Growth Mindset beginnt nämlich im Kopf. Der erste Schritt besteht darin, sich der eigenen Denkweise bewusst zu werden: Bin ich offen für Wachstum und Veränderung? Tue ich das, was mir wirklich Freude macht? Betrachte ich Rückschläge als Gelegenheiten zur persönlichen Entwicklung? Sehe ich Fehler als Erfahrungen, die mich weiterbringen? Freue ich mich über konstruktives Feedback? Inspirieren mich die Erfolge anderer?

Oder …

… bin ich eher davon überzeugt, dass meine Fähigkeiten unveränderlich sind? Denke ich oft, dass ich dieses oder jenes nicht kann oder ohnehin noch nie konnte? Bereitet mir der Gedanke, ich könnte scheitern, ein ungutes Gefühl? Erlebe ich die Erfolge anderer eher als Bedrohung? Fällt es mir schwer, neue Herausforderungen anzupacken, da ich befürchte, dass Fehler meine Kompetenz infrage stellen?

Die letzten Fragen beziehen sich auf die gegenteilige Überzeugung, die Dr. Dweck als *Fixed Mindset* bezeichnet.

Menschen mit einem *festen* Mindset sehen ihre Entwicklung weitgehend als etwas außerhalb ihrer Kontrolle Liegendes. Das kann in der Folge dazu führen, dass sie neue Herausforderungen aus Furcht vor Fehlern gar nicht erst angehen, da diese als Beweis für mangelnde Intelligenz oder unzureichende Fähigkeiten gesehen werden könnten. Diesen Menschen fällt es dementsprechend sehr viel schwerer, mit Veränderungen umzugehen. Die Ursache dafür sind negative Erfahrungen und Glaubenssätze aus der Kindheit. Aber auch diese sind nicht in Stein gemeißelt, sondern lassen sich bei entsprechender Selbstreflexion durchaus verändern.

Wenn du dein Growth Mindset ausbauen möchtest, solltest du dich mit Menschen umgeben, die eine ähnliche Einstellung haben – der Austausch ist motivierend und bereichernd und kann dich bei neuen Vorhaben unterstützen. Suche dir ganz bewusst immer wieder Ziele, für die du deine eigene Komfortzone verlassen musst – an diesen Aufgaben wirst du ganz besonders wachsen!

Übrigens: Growth Mindset bedeutet nicht, dass alle die gleichen Talente haben und jeder in jedem Bereich Spitzenleistungen erbringen kann. Wer nicht mit einem entsprechenden Talent geboren wurde, wird auch durch jahrelanges Üben nicht zum begnadeten Musiker oder Spitzensportler. Das muss auch gar nicht sein. Wenn du jedoch grundsätzlich offen bist und es dir Freude bereitet, kannst du auch mit 80 Jahren noch etwas Neues lernen. Die Evolution hat unser Gehirn dafür ausgestattet. Entscheidend ist, dass wir diese Gabe auch nutzen!

In einer zunehmend komplexer werdenden Welt ist es kaum noch möglich, alles zu wissen. Die Kultur des Wissens hat daher ausgedient. An ihre Stelle tritt eine Kultur des Lernens, die umso leichter Einzug in unsere Unternehmen findet, wenn wir Konkurrenz durch Kooperation ersetzen. Darum geht es auch in den nächsten Absätzen.

Lernende Organisationen: flexibel wie ein Oktopus

Wie können Organisationen es schaffen, eigenständig zu lernen und damit jederzeit anpassungsfähig, innovativ und flexibel zu sein?

Peter M. Senge, einer der wichtigsten Vordenker der *Lernenden Organisation*, ist davon überzeugt, dass Unternehmen in der Lage sind, sich selbst immer wieder neu zu erfinden. Darum geht es in seinem Management-Klassiker »Die fünfte Disziplin: Kunst und Praxis der lernenden Organisation[8]«, der in 20 Sprachen übersetzt und über eine Million Mal verkauft wurde.

Für Senge ist eine lernende Organisation ein Ort, »*an dem Menschen erleben, dass sie ihre Realität und ihre Zukunft selbst schaffen*« und »*permanent lernen, wie sie gemeinsam dazulernen können*«. Damit war Senge bereits Ende der 1980er-Jahre sehr nahe an der Vorgehensweise der Natur. Und das zu einer Zeit, als die Vorstellung eines lernenden Unternehmens für viele noch echtes Neuland war. Doch Senge war seiner Zeit in vielen Dingen weit voraus: Der Wissenschaftler des renommierten MIT war bekannt dafür, sich immer wieder kleine Auszeiten zu nehmen, um in sich hinein zu spüren, und meditierte regelmäßig. Es war eine Vision, die ihn zur Entwicklung der lernenden Organisation führte. Senge hatte erkannt, dass »*der einzige nachhaltige Wettbewerbsvorteil die Fähigkeit einer Organisation ist, schneller zu lernen als die Wettbewerber*«. Eine Aussage, die heute sicher niemand mehr anzweifeln würde!

Auch die Natur ist ein lernendes System. Ihr Vorbild kann uns helfen, Senges Prinzipien einer lernenden Organisation in einem natürlichen Umfeld zu verstehen. Die Lernfähigkeit der Natur beruht auf drei grundlegenden Voraussetzungen, die sich auch in zeitgenössischen Konzepten wie *New Work* widerspiegeln:

1. **Experimentierräume für neues Arbeiten:** Die Natur ist ein Ort, an dem verschiedene Organismen miteinander agieren und voneinander lernen. Auch Organisationen können Lernumgebungen schaffen, in denen Mitarbeiter sich wechselseitig inspirieren. Das fördert die kreative Zusammenarbeit und erweitert ihre Fähigkeiten.

2. **Kultur des Unperfekten:** Fehler sind ein ganz natürlicher Teil des evolutionären Lernprozesses. Unternehmen sollten Misserfolge daher als völlig normale Gelegenheit sehen, daraus zu lernen und sich zu entwickeln. Wer etwas ausprobiert, macht neue Erfahrungen. Organisationen sollten sich in Imperfektion üben, Fehlertoleranz fördern und den Mitarbeitern die Sicherheit geben, Fehler machen zu dürfen, ja zu müssen.

3. **Vernetzung stärken:** Das Wissen der Welt übersteigt längst die Lernfähigkeit Einzelner. Eine lernende Organisation lebt vom Teilen der Erkenntnisse und des Wissens zwischen Führungskräften, Teams und Abteilungen und der gegenseitigen Inspiration zu gemeinsamer Weiterentwicklung.

Unternehmen können heute nicht mehr in der Selbstgefälligkeit ihres Status quo verharren. Die oben genannten Ansätze schaffen die Voraussetzung für eine kontinuierliche Selbsterneuerung von innen heraus. Lernende Organisationen fördern diesen Prozess, indem sie sich von der Natur inspirieren lassen: durch gesundes Verwerfen überholter oder dysfunktionaler Strukturen und Prozesse.

Lernen bedeutet, vom Wettbewerb zu lernen

Die Natur ist nicht nur ein schöner, sondern oftmals auch ein (scheinbar) ungemütlicher Ort. In jedem Ökosystem konkurrieren unterschiedliche Lebewesen um lebensnotwendige Ressourcen wie Nahrung, Wasser, Lebensraum und Sexualpartner. Auch der Oktopus hat viele natürliche Feinde, vor denen er sich in Acht nehmen muss: Wale, Seehunde, Haie, Meeresschildkröten, Pinguine – um nur einige zu nennen. Auf der anderen Seite sind Tintenfische selbst ja auch Räuber, die gerne Krebse, Muscheln, Fische und sogar kleinere Artgenossen verspeisen. Diese Tatsache verleitet uns manchmal zu der Annahme, dass in der Natur ein gnadenloser Konkurrenzkampf toben muss – fressen und gefressen werden, nur die Stärksten überleben. Ist es nicht das, was Darwin postuliert hat? Was jedoch diesen Aspekt betrifft, ist Charles Darwin wohl häufig missverstanden worden. Denn die Natur vergibt gar keine Belohnung für den Schnellsten oder den Stärksten. Der zu den Weichtieren zählende Oktopus ist ein schönes Beispiel dafür, dass nicht der Härteste, sondern der Anpassungsfähigste bei der Nutzung von Ressourcen die Nase vorne hat.

In einem natürlichen Ökosystem gewinnt daher nicht immer der Jäger. Stattdessen ist die Natur so weise, das Gleichgewicht zu wahren – eine Eigenschaft, die sie uns voraushat. Zwar wollen Oktopus und Krebs beide überleben und haben daher das gleiche Ziel. Eine Eigenschaft wie Gier ist dem Oktopus (und allen anderen, die jagen) völlig fremd. Er könnte es sich nämlich schlichtweg nicht leisten, alle seine Beutetiere auszurotten. Denn mit dieser wenig nachhaltigen Vorgehensweise hätte er auch gleichzeitig sein eigenes Ende herbeigeführt. Stattdessen passiert etwas anderes: Oktopus und Krebs lernen voneinander – und bringen die Evolution voran, indem sie langfristig ihre Strategien verfeinern. So entdeckt der Oktopus womöglich eine neue Tarnmöglichkeit, während der Krebs kräftigere Scheren ausbildet. Was auch immer es ist: Beide profitieren davon!

In der Natur gilt also ein klares Prinzip: Raubtiere können nur dann erfolgreich sein, wenn auch ihre Beutetiere es sind. Sie würden sich sonst ihrer Lebensgrundlage berauben. Es gibt daher auch kein immer *besser*, *höher*, *schneller* und *weiter* um jeden Preis – und somit auch kein Wettrüsten. Das Wort Konkurrenz macht in diesem Kontext keinen Sinn. Stattdessen könnte man sagen: Das Selbstverständnis der Natur besteht darin, den Mitbewerber nicht als Gegner zu betrachten, den es um jeden Preis zu besiegen gilt, sondern als Coach. Wenn es einen übergeordneten Sinn gibt, dann haben alle die gleiche Mission – zu überleben, nicht jedoch auf Kosten, sondern mithilfe des anderen!

In diesem natürlichen Verständnis hat Konkurrenz also viele positive Aspekte: Sie trägt dazu bei, die biologische Vielfalt zu fördern, die Anpassungsfähigkeit von Arten zu steigern und die Stabilität von Ökosystemen aufrechtzuerhalten.

Der Mitbewerber als Coach, der das eigene Überleben sichert – dieses kluge Prinzip ist bisher wohl bei den wenigsten gewinnorientierten Unternehmen in seiner vollen Bedeutung angekommen. Denn hier dominiert nach wie vor die auf Angst basierende Natur unseres Egos. In letzter Konsequenz wird die Welt zu einem gefährlichen Ort, an dem überall Konkurrenten lauern, die schlimmstenfalls sogar vernichtet werden müssen. Das wäre allerdings ein Missverständnis des natürlichen Überlebensprinzips. Als Natural Leader solltest du dir stets bewusst sein, dass du nur dann erfolgreich sein kannst, wenn du deine Mitbewerber als Partner betrachtest, die sich gemeinsam mit dir entwickeln. Und einem Partner solltest du selbstverständlich den gleichen Erfolg zugestehen wie dir selbst!

Das Warum finden im Unternehmen und in der Marke

Ob ein Unternehmen langfristig am Markt überlebt, hängt in erster Linie davon ab, ob es ein gutes, ein sinnvolles Produkt hervorbringt, im besten Falle ein Markenprodukt. Starke Marken zeichnen sich dadurch aus, dass sie einen hohen Bekanntheitsgrad haben, positiv wahrgenommen werden, Vertrauen schaffen, eine Botschaft transportieren und eine emotionale Bindung herstellen können.

Der Begriff Marke wird im Sprachgebrauch sehr unterschiedlich verwendet. So würde ein Jurist wohl argumentieren, dass die Basis einer Marke erst mit Eintragung ins Markenregister begründet wird. Ein Grafiker würde versuchen, die Aussage der Marke in ein Logo zu übertragen, welches Verständnis und Sympathie für die Marke schaffen soll. Marketingleute und PR-Spezialisten würden ein Image erschaffen und dadurch die Marke zu begründen versuchen. Doch eine Marke ist sehr viel mehr als ein Name, ein Logo oder Image. Um deine Marke wirklich zu verstehen, solltest du sie als einen lebenden Organismus betrachten. Als ein lebendiges Wessen, welches sich in seiner Anhängerschaft, der Brand Community, manifestiert. Dieser Ansatz geht auf Peter Zernisch[9], den Altmeister der Markenforschung, zurück. Für ihn ist eine Marke kein technologisch machbares Konstrukt, sondern ein Naturereignis, welches die Evolution der menschlichen Natur hervorgebracht hat. Was ist damit gemeint?

Die Geschichte der Menschheit ist voller Mythen – Geschichten, die auf kulturellen Erfahrungen basieren und die kulturelle Werte ausdrücken. Typisch mythische Werte sind Fürsorge, Mutterliebe, Nächstenliebe, Mut,

Mitgefühl, Dankbarkeit, Gerechtigkeit, Freiheit, Treue – um nur einige zu nennen. Diese Werte sind der Nährboden unserer kulturellen Identität. Sie geben uns Orientierung. Sie sind die Basis für das, woran wir glauben. Diese Kraft, die von den Geschichten und ihren kulturellen Werten ausgeht, findet sich im Glauben der Anhängerschaft der jeweiligen Marke wieder. Der Glaube an die kulturellen Werte einer Marke ist die Bindekraft einer Glaubensgemeinschaft und gleichzeitig auch die Anziehungskraft, die diese Brand Community ausstrahlt.

Starke Marken sind Mythen. Daher kann man eine Marke auch nicht *machen* – sie ist bereits da. Die Marke deiner Organisation ist im besten Fall das, woran du als Leader glaubst und woran deine Mitarbeiter und Kunden glauben. Starke Marken erschaffen Sinn. Sie transportieren Werte. Und all das ist tief im Unterbewussten verborgen.

Als Leader solltest du daher zunächst das IST – dein Unternehmen, die Historie dahinter, den Gründungsimpuls, die Marke und ihre Werte – in seinen Grundfesten verstehen, bevor du handelst. Nur so kannst du deinen Mitarbeitern Orientierung geben. Markenverantwortung ist daher stets Chefsache.

Um diese Orientierung geben zu können, ist es wichtig, den Gründungsimpuls beziehungsweise die gesellschaftliche Relevanz einer Marke zu verstehen. In der Geschichte der Menschheit wurden viele Probleme durch Produkterfindungen gelöst. Eine Markenidee entsteht daher immer als Lösung für ein Problem oder einen Konflikt. Dadurch vermittelt die Marke Sinn, sie stellt einen allgemeingültigen, gesellschaftlichen Wert dar. Dieser Wert oder Sinn war schon immer da – er ist Teil unserer Menschheitsgeschichte. Eine Marke ist kein individuelles Bedürfnis Einzelner! Sie wird von einem kollektiven, gesellschaftlichen Wert getragen, der auf einem Problemempfinden beruht. Der Gründungsimpuls manifestiert den Sinn und Zweck des Wirtschaftens. Starke Marken zeichnen sich dadurch aus, dass sofort klar ist, wofür sie stehen. Wird diese Basis geschwächt – zum Beispiel durch Ausweiten der Produktpalette auf einen anderen Bereich – besteht die Gefahr, die ideelle und damit auch die wirtschaftliche Basis zu schwächen.

Exkurs: Die Marke hessnatur

Um deine Marke und das *Warum* dahinter besser zu verstehen, möchte ich an dieser Stelle ein praktisches Beispiel als Exkurs einschieben. Als Markenmanager des Naturtextilienherstellers hessnatur habe ich mich viele Jahre intensiv mit der Bedeutung der Marke und dem Gründungsimpuls beschäftigt. hessnatur ist ein Kind der deutschen Friedens- und Umweltbewegung. In den 1970er-Jahren formulierte Heinz Hess die Vision und das Bedürfnis nach reiner, natürlicher und unbehandelter Babykleidung. Auslöser für diesen Impuls war die Geburt des ersten Sohnes, der gesund aufwachsen sollte. Die Eltern begannen daher mit der Suche nach Kleidung aus natürlichen, chemisch unbehandelten Stoffen. Das Problem war, dass diese Textilien zur damaligen Zeit gar nicht erhältlich waren. Und so musste das Ehepaar Hess eigene Lieferanten in der Textilindustrie finden, die ihre Anforderungen erfüllen konnten. Heinz Hess erkannte den Bedarf nach giftfreier Kleidung und gründete darauf die Marke hessnatur.

Der Gründungsimpuls dieser Marke (das *Warum*) ist daher primär der Schutz der Babyhaut, ein Bedürfnis, dem Werte wie Fürsorge und Familie zugrunde liegen. Um die Produktion umweltschonender Produkte und Umweltschutz ging es damals nicht, obwohl die Produkte von hessnatur die Umwelt weniger belasten als herkömmliche Textilien. Der Gründungsimpuls bezieht sich also stets auf das *Warum* – und nicht auf das *Wie*!

Wer den Kern einer Marke verstehen möchte, muss also zunächst wissen, was ihre Anhänger beschäftigt. Woran glaubt diese Gemeinschaft, welcher Orientierung folgt sie? Die frühen Anhänger von hessnatur gingen zum Schutz und zum Wohl ihrer Familien in Opposition zum Establishment. hessnatur lehnte sich gegen die gesamte Textilindustrie auf und konnte sich in den darauffolgenden Jahren über alle Hindernisse hinwegsetzen. Dieser Oppositionsgedanke mit all seinen Konsequenzen ist seither tief in der Essenz der Marke verwurzelt. Er vereint Unternehmen, Mitarbeiter, Lieferanten und Kunden gleichermaßen zu einer Wertegemeinschaft. Seit jeher verpflichtet sich hessnatur dem Baby, den Menschen und dem Schutz ihrer Haut. Wichtige Werte, die durch die Marke transportiert werden, sind Fürsorge, Familie, Gesundheit, Natürlichkeit und Nachhaltigkeit. Der Glaube an diese Markenwerte einer Marke ist die Basis der Brand-Community und hält sie zusammen. Würde die Marke ihre Anhängerschaft verlieren, verlöre sie gleichzeitig ihren Sinn. Daher muss die Community durch Kommunikation angesprochen und mit dem Produkt bedient werden.

Es lohnt sich daher, deine Marke nicht nur als abstraktes Konstrukt, sondern vielmehr als ein lebendiges Wesen zu betrachten. In dieser Perspektive existiert die Marke in der vitalen Energie ihrer Anhängerschaft und dem Geist der Glaubensgemeinschaft. Sie steht daher für einen Glauben an etwas Höheres – einen Glauben, den man beinahe schon auf einer metaphysischen Ebene verorten könnte. Denkt man dieses Verständnis weiter, wird klar, dass es viele Organisationen gibt, die Marken sind: Parteien, Fußballvereine und sogar Glaubensgemeinschaften. Eine der größten Marken nach dieser Definition wäre vermutlich die katholische Kirche mit einer Mitgliedergröße von circa 1,4 Milliarden Menschen. Der Glaube an Gott hält diese Menschen zusammen und verleiht der Kirche Anziehungskraft.

Für dich als Leader ist es von entscheidender Bedeutung, ein Verständnis für die Essenz deiner Marke zu entwickeln und dich mit diesem Glauben zu verbinden. Andernfalls bleibst du außen vor und kannst die Bedürfnisse sowie Anliegen der Gemeinschaft weder wirklich verstehen noch darauf angemessen reagieren. Und ohne ein tiefgreifendes Verständnis für das »Warum« kann selbst die beste Strategie fehlgeleitet sein.

Markenmanagement ist daher stets das Management der Brand-Community und das Management des Glaubens. Ein starker Glaube an die Marke wirkt sich auch positiv auf den Teamzusammenhalt und die Mitarbeiterbindung aus. Wenn du deine Mitarbeiter – insbesondere die

Neulinge im Team – zu Fans der Marke machen möchtest, erzähle ihnen eine Geschichte: Warum gibt es unsere Marke, was war der Gründungsimpuls? Welche Geschichte, welcher Mythos verbirgt sich dahinter? Welche Probleme und Nöte stehen hinter der Entwicklung? Für welche gesellschaftlichen Werte steht die Marke? Storytelling ist eine wunderbare Methode, um den Geist der Marke lebendig werden zu lassen.

Dein Natural Leadership Canvas – Feld 1

Anhand der folgenden Fragen kannst du für dich dokumentieren, wie viel Veränderungsfähigkeit in dir wohnt und wie viel Raum für Veränderungen du anbietest:

Woran merke ich, welches Mindset (Growth/fixed) ich überwiegend lebe?

Was kann ich konkret tun, um den Status meines Mindsets zu verändern?

Wie kann ich als Führungskraft Experimentierräume für neues Arbeiten schaffen?

Was braucht es, um in meinem Bereich eine Kultur des Unperfekten zu fördern?

Welche Schritte sind erforderlich, um mehr Vernetzung und gemeinsame Zusammenarbeit zu erreichen?

Anhand der folgenden Fragen kannst du deine Gedanken zu deiner Mission, deinem Selbstverständnis und zur Marke deiner Organisation notieren (oder zu deiner Marke, falls du selbst der Gründer bist):

Was ist mein persönliches Warum? Was motiviert mich jeden Morgen aufs Neue und was möchte ich als Leader bewirken in der Welt?

Was ist die Mission – das Warum – meines Unternehmens? Warum gibt es uns?

Wie würde ich das Umfeld meiner Organisation beschreiben? Mit welchen Systemen, Branchen und Unternehmen stehen wir in Symbiose, mit welchen im Wettbewerb?

Was war der Gründungsimpuls meiner Marke? Welche Story verbirgt sich dahinter? Welches Problem oder welcher Konflikt sollte damit gelöst werden?

Was ist der Sinn beziehungsweise der Nutzen der Marke, des Produktes?

Welches ist das Lead-Produkt? Was war der Impuls dafür?

Wie lebe ich den Glauben an mein Unternehmen, an meine Marke?

Wie kommuniziere ich mit meinen Kollegen und Mitarbeitern, um ihnen das *Warum* klarzumachen?

Habe ich mein Unternehmen, meine Marke, wirklich verstanden? Falls nicht, was brauche ich noch?

Fasse deine wichtigsten Erkenntnisse aus allen Reflexionsfragen in Stichworten zusammen und übertrage sie auf das Blatt mit dem Oktopus. (Über den QR-Code kannst du die Vorlagen für dein Natural Leadership Canvas herunterladen und ausdrucken.) Wenn du hierzu noch weitere Gedanken, Einsichten und Ideen hast, kannst du diese ebenfalls notieren.

Prinzip 2:
Der Wald – Selbststeuerung und Diversität

»In a forest, there is no master tree that plans and dictates change when rain fails to fall or when the spring comes early. The whole ecosystem reacts creatively, in the moment.«

Frederic Laloux, Reinventing Organizations

In den Mythen vieler Kulturen hat der Wald seit jeher eine ganz besondere Bedeutung. Viele Helden mussten dort eine Prüfung durchlaufen, weshalb der Wald als Ort des Wachstums, der Verwandlung und des Übergangs gilt. Häufig wurden in Wäldern religiöse Rituale, Opfergaben und die Verehrung von Gottheiten durchgeführt, die eng mit den natürlichen Kräften des Waldes verbunden waren. In der Stille eines Waldes spüren wir die unmittelbare Verbindung zur Natur besonders intensiv. Einige Menschen erleben den Wald daher auch als einen Ort spiritueller Tiefe und Erfahrungen – oder auch als eine wunderbare Möglichkeit, um darin Stress abzubauen und wieder einen klaren Kopf zu bekommen.

Der Wald ist auch ein hervorragender Lehrmeister, wenn es darum geht, sich in einer Welt zurechtzufinden, die sich immer schneller zu drehen scheint. Unternehmen aller Branchen stehen heute vor monumentalen globalen Herausforderungen, die das Potenzial einer Zeitenwende in sich tragen. Um zu überleben, durchlaufen die meisten von ihnen langfristige und radikale Transformationsprozesse, die vieles auf den Kopf stellen, was jahrzehntelang Gültigkeit hatte. Die Zukunft erscheint ungewiss und lässt sich nicht mehr verlässlich planen. Wälder hingegen können Hunderte, ja sogar

Tausende Jahre überleben. Viele Zeitenwenden haben sie schon erfolgreich gemeistert und keine davon war berechenbar oder strategisch planbar. Da sie immer wieder Lösungen für veränderte Rahmenbedingungen finden mussten, verfügen diese faszinierenden Ökosysteme über ein großes Repertoire wertvoller Methoden. Mithilfe dieses Wissensschatzes lassen sich neue Produkte entwickeln, Veränderungsprozesse gestalten und Krisen meistern.

Selbststeuerung im lebenden System

Der Schlüssel zu dieser natürlichen Anpassungsfähigkeit heißt Selbststeuerung. Lebende Systeme sind in der Lage, sich selbst zu erhalten, zu wandeln und zu steuern. Darin sind sie grundsätzlich autonom. Lebende Systeme lassen sich daher nicht durch die Definition von Zielen steuern – sie verfolgen ihre eigenen Ziele. Und da lebende Systeme in erster Linie überleben möchten, erhalten und verwirklichen sie sich aus einer inneren Dynamik heraus und weitgehend unabhängig von ihrer Umgebung.

Ein perfektes Beispiel dafür, wie diese Selbststeuerung in der Natur funktioniert, ist der Wald. Seit Jahrmillionen existieren die gigantischen Sauerstofflieferanten und ermöglichen uns das Überleben auf diesem Planeten – und das ganz ohne einen Chef-Baum, eine zentrale Steuerung oder gar ein Strategiepapier!

Wälder sind komplexe, dynamische Systeme. Dank ihrer enormen biologischen Vielfalt an Pflanzen, Tieren, Pilzen und Mikroorganismen können sie schnell auf Einflüsse und Störungen reagieren und dadurch eine ökologische Balance aufrechterhalten. Dafür nutzen sie clevere Mechanismen. Da es im Wald keine Vorstandsetage gibt, agieren die Organismen individuell, um die Bedingungen ihrer Umgebung optimal zu nutzen. Durch die Biodiversität der Arten entsteht eine Art kollektive Intelligenz, bei der jede Art auf ihre eigene Weise den Herausforderungen begegnet und zur Gesamtbalance des Ökosystems beiträgt.

Der Prozess der Anpassung im Wald ist ein komplexes Zusammenspiel natürlicher Faktoren. Bäume entwickeln unterschiedliche Wuchsrichtungen und -muster, um das bestmögliche Licht für die Fotosynthese zu erhalten. Ist ein Wald besonders dicht, strecken sich die Pflanzen in die Höhe, um über ihre Konkurrenten hinauszuwachsen. Oder sie suchen nach Lücken im Blätterdach, um mehr Sonnenlicht zu ergattern. Ähnlich einer Sonnenblume, die ihre Köpfe nach der aufgehenden Sonne ausrichtet, reagieren auch Bäume auf Umweltreize. So können sie ihre Blattstellung ändern, um die Sonneneinstrahlung zu maximieren oder zu minimieren, und nutzen dadurch die vorhandenen Ressourcen effizienter. Bei Wasserknappheit entwickeln sie tiefere Wurzeln, um nach Wasser zu suchen. In Zeiten des Überflusses können sie ihre Wasseraufnahme regulieren, um überschüssiges Wasser zu vermeiden.

Das Internet des Waldes

Damit das Ökosystem eines Waldes schnell reagieren kann, müssen die Arten miteinander in Verbindung stehen und effizient miteinander kommunizieren. Diese Funktion erfüllt das Myzel, ein ebenso riesiges wie faszinierendes unterirdisches Pilzgeflecht, welches aufgrund seiner Ausmaße auch das *Wood Wide Web* des Waldes genannt wird. Die »LAN-Verbindungen« dieses Netzes sind feine Pilzfäden, Hyphen genannt, die den gesamten Waldboden durchziehen und Bäume, Sträucher sowie die meisten höheren Pflanzen miteinander verbinden.

Das Kommunikationstool des Waldes ist ebenso bedeutsam wie riesig: Das Myzel eines Hektars Waldboden bringt ein stattliches Gewicht von sechs Tonnen auf die Waage!

Das *Wood Wide Web* ist durchaus mit unserem Internet vergleichbar, da es von ganz unterschiedlichen Arten genutzt wird, die allesamt davon profitieren. Den Bäumen erschließt es entfernte Bodenareale, die sie mit ihren Wurzeln alleine niemals erreichen würden. Mithilfe der Pilzfäden sind sie jedoch in der Lage, alle für ihr Wachstum wichtigen Nährstoffe aus dem Boden zu ziehen. Die Pilze wiederum erhalten als Gegenleistung Zucker aus der Fotosynthese der Bäume. Diesen holen sie sich mithilfe ihrer Hyphen, die sie bis in die Wurzeln der Bäume hineinwachsen lassen. Pilze und Bäume können ohne den anderen nicht existieren – sie leben symbiotisch.

Im Wald werden nicht nur Wasser und Nährstoffe, sondern auch wichtige Informationen in Form chemischer Botenstoffe ausgetauscht. Diese Kommunikation erfolgt entweder über das Myzel – oder auch durch die Luft. Auf diese Weise können sich Bäume gegenseitig vor Schädlingen warnen. Wird ein Baum rechtzeitig informiert, dass Borkenkäfer im Anflug sind, so kann er bereits im Vorfeld Gegenmaßnahmen ergreifen – also beispielsweise chemische Verbindungen produzieren, um für die Schädlinge weniger attraktiv zu sein.

Was bei uns gilt, das gilt übrigens auch im Wald: Wo Licht ist, ist auch Schatten. Daher hat jeder Wald auch sein eigenes *Dark Net* – parasitäre Pflanzen, die das Myzel für ihre Zwecke nutzen, um andere Pflanzen anzuzapfen, ohne selbst etwas Nützliches beizutragen.

Putzkolonne und Immunabwehr: die Gesundheitsexperten

Die heimlichen Helden jedes Waldes sind die Pilze. Ihre Aufgabe besteht darin, den Wald sauber, vital und gesund zu halten. Die fleißige Putzkolonne arbeitet unauffällig, ohne Vorarbeiter, aber dafür mit einem ausgeklügelten Recycling-Plan: Pilze zersetzen organische Abfälle und verwandeln diese in nährstoffreichen Humus, der die Grundlage für das Wachstum neuer Pflanzen bietet. Gleichzeitig schützen sie die Bäume im Wald auch vor Giften: Mit ihren feinen Pilzfäden filtern sie toxische Stoffe und Schwermetalle und leiten das saubere Wasser an den Baum weiter. Zusätzlich versorgen sie die Bäume mit schwer zugänglichen Stoffen wie Stickstoff oder Phosphor, einem Superfood, das die Vitalität des Baumbestandes erhöht.

In ihrer Rolle als Gesundheitsexperten sind die Pilze auch für das Immunsystem der Bäume zuständig. Als mobile Impftruppe schützen sie Bäume auf natürlichem Weg vor Krankheiten. Sobald ein Pilz nämlich seine Hyphe in die Wurzel eines Baumes schiebt, beginnt der Baum, Abwehrstoffe zu produzieren – vergleichbar mit den Antikörpern unseres Immunsystems. Einmal gebildet, verbleiben diese Abwehrstoffe im Baum – eine natürliche Impfung, mit deren Hilfe der Baum die wirklich gefährlichen, holzzersetzenden Pilze abwehren kann.

Eine weitere Aufgabe der Pilze ist die Mithilfe bei der Wasserregulation: Nach starken Regenfällen nehmen sie das überschüssige Wasser im Waldboden wie ein Schwamm auf und geben dieses später wieder an die Bäume ab. Auch dadurch tragen sie zur Gesundheit des Baumbestandes bei, da die Bäume keine nassen Füße bekommen und in Trockenzeiten vom gespeicherten Wasser im Myzel profitieren können.

Feuer als reinigende Kraft

In jedem Wald findet permanent Wachstum, Zerfall und Erneuerung statt. Daher ist er auch ein kraftvolles Symbol für die Wiedergeburt und den ewigen Kreislauf des Lebens.

Ein verheerender Waldbrand mag für uns wie eine Katastrophe aussehen. Die Natur sieht das allerdings ganz anders. Und so dauert es auch gar nicht lange, bis sich das Leben erneut einen Weg an die Oberfläche bahnt – oft erblüht die Vegetation danach sogar stärker und robuster als zuvor! Wie im Mythos des Phönix muss der Wald von Zeit zu Zeit abbrennen, um anschließend jünger und stärker aus der Asche wieder aufzusteigen.

Viele Wälder sind daher hervorragend an das Element Feuer angepasst. Und nicht nur das, sie benötigen sogar periodisch wiederkehrende Brände, um gesund zu bleiben.

Denn das Feuer zerstört nicht nur, es beseitigt auch gleichzeitig totes Material, düngt den Boden und regt das Wachstum neuer Pflanzen an. In jedem Wald finden sich spezialisierte Arten, die erst dann zu keimen beginnen, nachdem sie der Hitze eines Feuers ausgesetzt waren. In dem nährstoffreichen Waldboden finden die jungen Sämlinge ideale Wachstumsbedingungen als Start in den neuen Lebenszyklus vor.

Wie der Wald einen Neustart organisiert

Das Ökosystem eines Waldes ist also bestens darauf vorbereitet, nach einer Naturkatastrophe oder einer Abholzung immer wieder von vorne zu beginnen. Daraus hat sich in Jahrmillionen eine Erfolgsstrategie entwickelt, die man auch als Unkraut-Strategie bezeichnen könnte: die Sukzession.[10] Darunter versteht man die natürliche Rückkehr typischer Pflanzen, Tiere und Pilze, die nach einer Störung ihrer Umweltbedingungen von ihrem Standort verschwunden sind. Der Ablauf folgt immer einem ganz bestimmten Schema: Die ersten Pioniere sind einfache, kurzlebige Pflanzen, die sich schnell ausbreiten, rasant wachsen und die vorhandenen Ressourcen möglichst schnell verbrauchen. Erst viel später kommen langlebigere Pflanzen wie Gräser oder Kräuter dazu, die eine andere Strategie verfolgen: langsames Wachstum und gründlichere Ausbreitung. Dafür bilden sie tiefere Wurzeln aus, mit deren Hilfe sie sich besser gegen Mitbewerber behaupten können. Da sie gewissermaßen Reserven anlegen und in ihre Zukunft investieren, gelingt es diesen Arten, die Pioniere zu verdrängen. Doch auch sie bleiben nicht dauerhaft, denn nun ist die Zeit der Spätsiedler gekommen: komplexere Pflanzen wie Büsche, Sträucher und Bäume tauchen auf. Die Strategie bleibt allerdings ähnlich: Die früheren Arten wachsen schneller und nutzen mehr Ressourcen, während die späteren Arten auf Qualität und eine effizientere Vorgehensweise setzen. Erst nachdem die Spätsiedler sich erfolgreich behauptet haben, erscheinen die ersten Tiere auf der Bildfläche. Auf diese Weise können mehrere Jahrzehnte oder sogar Jahrhunderte vergehen, bis sich nach einer Zerstörung wieder ein stabiles Waldökosystem gebildet hat. Allerdings genügt ein einziges Naturereignis und die Natur kehrt wieder in ein früheres Stadium zurück.

Komplexität braucht neue Ansätze

Der Wald zeigt uns auf beeindruckende Weise, dass lebende Systeme durch verschiedene Mechanismen in der Lage sind, effektiv aus dem Moment heraus zu reagieren. Im direkten Vergleich zu einer Unternehmensstrategie, die auf Planung, Hierarchie und Formalitäten basiert, ist der Wald unserem herkömmlichen Verständnis von Unternehmensführung klar überlegen.

Zur Verdeutlichung stellen wir uns einmal vor, der Wald würde so vorgehen wie beim typischen Strategiefindungsprozess in einem Unternehmen:

Das Management der *Woodland Whimsy Ventures* würde beschließen, eine zukunftsfähige Wachstumsstrategie für den gesamten Wald zu entwickeln. Für die strategische Analyse und das Finden einer Vision würde es eine Unternehmensberatung engagieren, was etwa sechs Monate in Anspruch nehmen würde. Natürlich würde man dabei auch das Best-Practice-Wissen des benachbarten Nadelwäldchens einbeziehen. Bei der Präsentation dieser Ergebnisse müssten natürlich die *Woodland Whimsy* Unternehmensführung sowie der Betriebsrat gehört und abgeholt werden. Weitere sechs Monate würden vergehen, bis die Strategie formuliert, auf die einzelnen Bereiche heruntergebrochen und allen Waldbewohnern zur Verfügung gestellt wäre. Gehen wir weiterhin davon aus, dass auch im Wald der Leitsatz *Structure follows strat-*

egy gilt, dann würde ein weiteres halbes Jahr benötigt werden, um die Organisation im Wald und ihre Prozesse anzupassen. Mittlerweile sind eineinhalb Jahre ins Land gegangen, eine Borkenkäferplage bedroht das Wachstum der Bäume, es regnet viel zu wenig, und dann hat auch noch die Geschäftsführung gewechselt, und ein neuer Strategieprozess wird angestoßen …

Natürlich ist dieses Beispiel konstruiert und überzeichnet, aber ich denke, es ist deutlich geworden, dass klassische Strategieentwicklungsansätze, die im letzten Jahrhundert in Unternehmen funktioniert haben, heute nicht mehr zeitgemäß und in komplexen Umweltzuständen zu langsam sind.

COACHING-TIPPS VOM WALD

Der Wald als lebendes System hat einige Tipps parat, wie du das Prinzip der Selbststeuerung schrittweise in deinem Unternehmen umsetzen kannst. Ein wichtiger Schlüssel dafür heißt Dezentralisierung.

TIPP 1: Setze auf Diversität, nicht auf Monokultur

In einem Wald existiert eine große Vielzahl unterschiedlicher Pflanzen-, Tier- und Pilzarten. Diese Biodiversität ermöglicht eine optimale Anpassung an Veränderungen und trägt zum Überleben des Systems bei. Ein gutes Beispiel dafür sind die Pilze, die unterschiedliche Rollen einnehmen und dadurch den Wald gesund erhalten. Wälder, in denen die Natur eine große Artenvielfalt ausbilden kann, sind in der Regel robuster und können auch Stürmen besser trotzen.

Was für den Wald gilt, gilt auch für Unternehmen: Monokulturen leben riskanter. Vom Wald lernen heißt daher, ganz bewusst unterschiedliche Charaktere, Lebensentwürfe, Denkweisen und Fähigkeiten von Menschen ins Boot zu holen. Die bestmögliche Entfaltung aller vorhandenen Talente bietet einem Unternehmen den größtmöglichen Nutzen. Wie in einem Wald können verschiedene Menschen unterschiedliche Perspektiven einnehmen und Rollen übernehmen.

Dadurch kann sich eine Organisation schneller an Veränderungen anpassen. Als Leader kannst du diese Prozesse unterstützen, indem du eine Kultur der Akzeptanz und der Toleranz förderst, in der Unterschiede nicht als Ärgernis, sondern als Bereicherung erlebt werden.

TIPP 2: Fördere dezentrales Handeln und natürliche Hierarchien

Ein weiteres wichtiges Erfolgsrezept des Waldes ist seine Verbundenheit mit anderen Organismen, die alle gleichberechtigt miteinander agieren. Das Myzel verbindet Bäume, Pflanzen und Pilze zu einem riesigen Gesamtnetzwerk, in dem alle Individuen »angedockt« sind und dadurch wie ein einziger Organismus agieren können. Diese Verbundenheit bewirkt weit mehr als der effiziente Austausch von Informationen.

Entscheidungsprozesse finden im Wald dezentral statt, da jeder Organismus sowohl seine eigene Bedeutung für das Gesamtsystem als auch die wechselseitige Abhängigkeit voneinander anerkennt. Jedes Handeln, aber auch jedes Nicht-Handeln hat Auswirkungen auf andere und damit auch auf den Gesamterfolg des Systems. Das funktioniert deshalb so hervorragend, weil der Wald keine eigenen großartigen Ziele verfolgt, sondern einfach nur als Ganzes weiterbestehen möchte. Daher gibt es im Wald auch kein Silodenken!

In den meisten Unternehmen existieren nach wie vor formale Hierarchien, die Kompetenzen und Entscheidungsbefugnisse regeln. Vom Wald kannst du lernen, vermehrt auf natürliche Hierarchien zu setzen. Denn auch im Wald gibt es Unterschiede. So wie in der Natur jeder Organismus seine Stärken hat, haben auch deine Mitarbeiter unterschiedliche Fähigkeiten: Das kann eine fachliche Expertise sein, eine hohe Lebenserfahrung, ein besonderes Talent …

Sorge dafür, dass deine Mitarbeiter mehr mitentscheiden können, und zwar nicht aufgrund gesetzter Hierarchien, sondern dezentral aufgrund ihrer Expertise oder ihrer Erfahrung in einem Bereich. Lasse deine Mitarbeiter auch selbst entscheiden, auf welche Art und Weise sie ihre Aufgaben erledigen möchten.

TIPP 3: Erschaffe Kreisläufe für wichtige Ressourcen

Ein Wald ist ein perfektes Nährstoff-Recyclingsystem, in dem nichts verschwendet wird. Nährstoffkreisläufe halten das Ökosystem gesund und sorgen für gutes Gedeihen der Pflanzen. Einer der wichtigsten Nährstoffe einer Organisation ist ihr Wissen und ihre Erfahrung. Diese Ressource geht verloren, wenn sie nicht allen zur Verfügung steht. In Unternehmen wird Wissen oft als Machtinstrument missbraucht und gehortet. Als Leader solltest du daher eine Kultur der Offenheit und des Vertrauens schaffen und deine Mitarbeiter dazu ermutigen, ihr Wissen zu teilen. Am besten funktioniert das, wenn deine Mitarbeiter wirklich verstehen, warum es so wichtig ist, Wissen weiterzugeben. Identifiziere die Wissensträger in deinem Team und setze sie nach Möglichkeit als Ansprechpartner, Trainer oder Mentoren ein, um Fachwissen oder Best-Practice-Erfahrung zu vermitteln. Ermögliche Wissensaustausch und crossfunktionale Zusammenarbeit zwischen unterschiedlichen Abteilungen, Teams und Fachbereichen. Sorge dafür, dass die technischen Voraussetzungen gegeben sind, damit wertvolles Wissen im Unternehmen zeitnah und übersichtlich zur Verfügung gestellt werden kann. Wenn du dabei als Vorbild vorangehst und deine Expertise gerne an andere weitergibst, wirst du deine Mitarbeiter leichter von dem Sinn und den Vorteilen überzeugen können.

TIPP 4: Nutze die Strategie des Unkrauts

Der Wald zeigt uns: Krisen sind keine Katastrophen und schon gar nicht der Untergang, sondern die Voraussetzung für neues Wachstum. Wenn du einen Neustart wagen oder dich in einem chaotischen Umfeld zurechtfinden musst, kannst du dich an der Erfolgsstrategie der Natur orientieren: Erst kurzfristig, dann langfristig denken. Die Tabelle zeigt dir den Zusammenhang zwischen den Sukzessionsphasen eines Waldes und der darauf abgestimmten Marktstrategie.

SUKZESSIONSPHASE	MARKTSTRATEGIE
Unkrautphase	• Start-ups gehen auf den Markt • Kurzfristige Ausrichtung – Agilität
Grasphase	• Neue Marktteilnehmer ahmen nach • Langsamere, gründliche Ausbreitung
Busch- und Baumphase	• Marktentwicklung + Verdrängung • Fokus auf Effizienz und Qualität • Zunehmend langfristige Ausrichtung
Tierphase	• Marktsättigung • Professionalisierung und Stabilisierung

Tab. 1: Zusammenhang zwischen Sukzessionsphase und Marktstrategie

Marktstrategien auf Basis der Unkrautstrategie

In jeder Phase ist also eine andere Marktstrategie erforderlich. Die Sukzessionsphasen laufen nicht nur in der Natur, sondern auch bei Unternehmen zyklisch ab. Auch wenn du bereits in der Tierphase angekommen bist, passieren immer wieder Umbrüche, und du wirst womöglich in die Unkrautphase zurückkatapultiert. Vielleicht, weil der Markt sich verändert hat, innovative Start-ups plötzlich überall aus dem Boden schießen, die Kunden etwas anderes wollen ...

Bei einer strategischen Neuausrichtung steht zunächst die kurzfristige Ausrichtung im Vordergrund – langfristige Konzepte folgen erst nach der Stabilisierung. Eine langfristige Orientierung hätte in diesem frühen, unruhigen Umfeld ohnehin keine Chance. Daher ergibt es keinen Sinn, zu Beginn tiefe Wurzeln zu schlagen und dadurch viel Energie zu vergeuden. Erst wenn der Markt zur Ruhe gekommen ist, kannst du in längeren Zeiträumen strategisch denken, die Zukunft planen und Investitionen tätigen. Da der nächste Umbruch garantiert kommt, solltest du als Natural Leader jedoch eine allzu langfristige Orientierung stets vermeiden. Denn bei einer Verdrängung lassen sich neue Märkte leichter erschließen, wenn die Wurzeln noch nicht allzu tief sind!

Selbststeuerung in Unternehmen: ein evolutionärer Prozess?

Die Idee der Evolution reicht weit über die Prozesse hinaus, die sich in Flora und Fauna abspielen. Denn auch Menschen, Gesellschaften und Organisationen entwickeln sich weiter. Dein Unternehmen, so wie du es heute kennst, ist eine Schöpfung der Neuzeit. Vor einigen Hundert oder sogar Tausend Jahren sahen die Menschen ihre Welt aus einem anderen Blickwinkel und glaubten an andere Dinge. Organisationsformen stehen daher nie für sich alleine, sondern sind immer auch ein Spiegel des vorherrschenden Zeitgeistes. Und der kann sich ändern! Unser aktuelles Organisationsverständnis ist daher auch nur eine Phase, die mit Sicherheit durch ein anderes Paradigma abgelöst werden wird.

Welches das sein wird? Es gibt gute Gründe zu der Annahme, dass wir uns nicht kontinuierlich, sondern in plötzlichen Sprüngen entwickeln. Die Geschichte der Menschheit hat bereits mehrere solcher Entwicklungssprünge erlebt, die historisch betrachtet zu einem Durchbruch führten: Die Machtstrukturen der Gesellschaft änderten sich, andere religiöse und spirituelle Sichtweisen setzten sich durch, neue Technologien wurden entwickelt. Auf jeder Stufe entstanden neue Formen der Zusammenarbeit und in der Folge erschufen die Menschen ein wirksameres Organisationsmodell.

Der Berater und Autor Frederic Laloux[11] geht davon aus, dass wir möglicherweise gerade vor einem neuen Entwicklungssprung stehen. Er teilt seine Einschätzung mit Wissenschaftlern wie Abraham Maslow, Clare Graves, Jean Piaget, Robert Kegan, Bill Torbert, welche die typischen Muster bei der Entwicklung des menschlichen Bewusstseins aus unterschiedlichen Blickwinkeln untersucht haben. Alle gehen davon aus, dass wir uns – zumindest potenziell – in unterschiedlichen Entwicklungsstufen zu einem immer umfassenderen Bewusstsein und ganzheitlicheren Verständnis der Welt entwickeln.

Dass persönliche Entwicklung nicht linear, sondern schubweise erfolgt, kennst du vielleicht auch aus deiner eigenen Erfahrung. Bestimmt bist du schon einmal zu einer Erkenntnis gelangt, die einen tiefgreifenden Einfluss auf dein Leben hatte. Wenn du diesen Bewusstwerdungsprozess für dich noch einmal Revue passieren lässt, dann wirst du vielleicht feststellen, dass diese wegweisende Erkenntnis einem bestimmten Muster folgte. Vermutlich war der Auslöser eine einschneidende Erfahrung – eine Lebenskrise, eine Trennung, ein Unfall oder eine Krankheit. Deine bisherigen Welterklärungsmodelle und Glaubenssätze gerieten ins Wanken, was dazu geführt hat, dass du dich neuen Sichtweisen zugewandt hast. Während dieses – in der Regel schmerzlichen – Prozesses konntest du nichts steuern, nichts kontrollieren, aber auch nichts beschleunigen – plötzlich war der Quantensprung da und dein Leben veränderte sich. Ein neues Bewusstsein war an die Stelle des alten getreten.

Diese besondere Erfahrung, die viele Menschen im Verlauf ihres Lebens – bei sich selbst oder bei anderen – erleben, wird auch oft als ein »Sprung« auf eine neue Ebene des Bewusstseins beschrieben. Unser *Ich* entwickelt sich nicht kontinuierlich, sondern in Stufen oder Schüben – auch Transformationen genannt. Dabei wird die Art und Weise, wie wir uns selbst und die Welt wahrnehmen und erklären, von Stufe zu Stufe komplexer, differenzierter und integrierter.

Mit *Stufe* ist dabei keine *höhere* Entwicklungsstufe in Bezug zu einer *niederen* Stufe gemeint. Das Stufenmodell stellt keine Einordnung in Kategorien dar, kein *besser* oder *schlechter*. Ein älteres Kind ist im Vergleich zu einem Kleinkind auch nicht besser oder intelligenter, sondern es verfügt lediglich aufgrund seiner altersgemäßen Entwicklung über komplexere Denk- und Lösungsmuster. Menschen, die auf einer differenzierteren Bewusstseinsstufe agieren, kommen mit den Anforderungen eines vielschichtigen Umfeldes besser zurecht, da sie ihre Potenziale kennen, ihre Egothemen und Ängste schrittweise aufgelöst haben und aus ihrer Intuition heraus ein tiefes und unerschütterliches Vertrauen in den natürlichen Verlauf der Dinge entwickelt haben.

Eine neue Lebensform

Jene Art von Erkenntnis, die uns das Leben abverlangt, kann man nicht lernen – sie passiert. Diese Analogie finden wir auch in der Natur: Eine Raupe verpuppt sich erst dann, wenn ihre Zeit dafür gekommen ist, und keinen

Tag früher. Doch die Natur lehrt uns noch etwas anderes, etwas ganz wesentliches: Das Resultat dieses geheimnisvollen Verpuppungsprozesses ist niemals eine schönere, bessere, effizientere Raupe, sondern ein Schmetterling – also eine ganz neue Lebensform.

Vielleicht stehen wir an der Schwelle zu dieser neuen Lebensweise. Ich habe den Eindruck, dass immer mehr Menschen damit beginnen, nach innen zu gehen, sich intensiver mit sich selbst zu beschäftigen. Und sie stellen andere Fragen als früher: *Wer bin ich wirklich? Wozu bin ich hier? Was motiviert mich? Was ist meine wahre Aufgabe?* Die Auseinandersetzung mit den essenziellen Fragen des Lebens führt früher oder später zu einer veränderten Sicht auf die Welt. Das alte Leben funktioniert dann nicht mehr – an seine Stelle ist ein ganz neues Bewusstsein getreten. Sobald eine kritische Masse dieses neuen Bewusstseins erreicht ist – und dazu genügen bereits fünf bis zehn Prozent der Bevölkerung – kippt das System und beginnt, sich zu verändern.

Die Zeit ist wohl reif dafür. Denn es scheint etwas schiefzulaufen in unseren Unternehmen und Organisationen. Viele Menschen haben Sehnsucht nach einer anderen Form des Arbeitens, nach mehr Lebendigkeit und Kreativität. Da ist ein diffuses Unbehagen in der Welt, da wir erkennen, dass unsere Lebensweise irgendwie nicht mehr zeitgemäß ist. Wir sind nicht in der Lage, mit den aktuellen Herausforderungen umzugehen. Diese Zeiten des Übergangs, in denen das Alte zerfällt und das Neue noch nicht sichtbar ist, verwirren viele Menschen. Daher versuchen sie lieber, die alten Methoden immer verzweifelter anzuwenden, anstatt etwas völlig Neues auszuprobieren – ein Muster, das sich gerade in sehr vielen Organisationen und in der Politik beobachten lässt. Die Frage ist also nicht, ob sich in unserer Gesellschaft etwas verändern wird. Sondern nur, wann es passieren und in welche Richtung es gehen wird!

Vier Stufen der Entwicklung

Laloux unterscheidet vier Entwicklungsstufen oder Paradigmen auf dem Weg zum Unternehmen der Neuzeit: das impulsive, das traditionelle konformistische, das leistungsorientierte und das pluralistische Paradigma.

Die **impulsive Weltsicht** entwickelte sich vor rund 10.000 Jahren. Bis dahin war die Menschheit in Klans organisiert, die weder Hierarchie noch Arbeitsteilung kannten. Mit zunehmender Größe und Komplexität der Gesellschaften entstand eine neue Rolle: die des Häuptlings. Dessen Aufgabe bestand darin, die Ordnung zu sichern – durch Machteinsatz und notfalls auch mit Gewalt. Auf dieser Stufe dominierten Hierarchiedenken, autoritäre Führung und Macht. Die Erfüllung individueller Bedürfnisse stand im Vordergrund: Menschen handelten impulsiv und nahmen sich, was sie wollten – ohne Rücksicht auf andere. Daher beruhten Beziehungen häufig auf Manipulation und Ausbeutung. Langfristige Planung oder strategisches Denken kamen im impulsiven Paradigma kaum vor.

Als Mafia oder Straßengang hat der Archetyp dieser impulsiven Organisationen bis in die heutige Zeit überlebt. Ihr evolutionärer Vorteil liegt in ihrer Effizienz und Reaktionsgeschwindigkeit in chaotischen Umgebungen. Auch wenn Macht und Gewalt die vorherrschenden Führungsinstrumente sind, so hat die Entwicklung dieser Organisationsform dennoch wegweisende Durchbrüche hervorgebracht: Die Entwicklung des Top-down-Ansatzes und der Arbeitsteilung schuf die Voraussetzung für den Umgang mit Komplexität.

Die **traditionelle konformistische Weltsicht** markiert den Übergang zur Agrargesellschaft. Etwa 4000 Jahre vor unserer Zeitrechnung wurde die Menschheit sesshaft. Ein epochaler Wandel, der auch die soziale Struktur der Gesellschaft veränderte. In der Folge entwickelten sich streng voneinander abgegrenzte soziale Klassen oder Kasten. Das Fundament dieser Gesellschaften basierte auf einem Gründungsmythos mit gottgegebenen Gesetzen, welche Gebote und Verbote klar definierten. Durch die Verinnerlichung dieser Regeln lernten die Menschen auf dieser Entwicklungsstufe, die Impulsivität früher Stufen zu kontrollieren. Selbstdisziplin, ein gemeinsamer Glaube sowie Schuld und Scham hielten die Gesellschaft zusammen. Als Konsequenz wurde jedoch sehr viel Energie für die Anpassung an das »richtige« Verhalten aufgebracht.

Dieses Paradigma ist bis heute noch in Teilen der Gesellschaft präsent, zum Beispiel in der Organisationsform der katholischen Kirche oder der Armee. Auch kleinere Untergruppen funktionieren nach diesem Schema. Der wichtigste Durchbruch der traditionellen konformistischen Weltsicht ist die Entwicklung stabiler und wiederholbarer Prozesse. Die Bedeutung des Wissens einzelner Personen nahm ab – eine entscheidende Voraussetzung für die Entstehung des Organigramms. Die konformistische Weltsicht hatte über einen langen Zeitraum Bestand, in einigen Nischen existiert sie bis heute. Ihr Nachteil besteht allerdings darin, dass sich diese Organisationen nur schwer anpassen können, wenn sich die Welt ändert. Daher trat vor rund 200 Jahren eine neue Entwicklungsstufe auf den Plan.

Die **moderne leistungsorientierte Weltsicht** ist ein Kind der wissenschaftlichen und industriellen Revolution und besiegelt den endgültigen Übergang vom Mythos zum Logos. An die Stelle der Gründermythen rückte die Vorstellung der Welt als komplexes Uhrwerk, dessen Funktion mithilfe von Naturgesetzen untersucht und verstanden werden kann. Mit dem Erklimmen dieser evolutionären Stufe schien plötzlich alles möglich zu sein: Wer schneller, weiter, klüger und innovativer ist als andere, ist erfolgreicher und steigert seine Gewinne. Das moderne leistungsorientierte Paradigma hat die Menschheit in den letzten beiden Jahrhunderten fundamental verändert, denn es führte zu einem nie zuvor dagewesenen Wohlstand und einer höheren Lebenserwartung. Wichtigste Durchbrüche sind der Abschied von der Feudalherrschaft und die Entwicklung der Demokratie.

Innovation, Verlässlichkeit und das Leistungsprinzip schufen die Voraussetzungen für die moderne Organisation, so wie wir sie heute kennen. Diese Welt wird bestimmt von Effizienz und Effektivität, Input und Output sowie der Vorstellung des Menschen als Ressource, der wie das Zahnrad einer Maschine funktionieren soll.

Diese Organisationen sind zwar einerseits sehr dynamisch, sie stecken voller Energie und Bewegung, wirken aber auf der anderen Seite ebenso seelenlos und unlebendig wie eine Maschine. Mittlerweile ist die Euphorie dieser Weltsicht einem Unbehagen gewichen, und ihre Schatten werden sichtbar: Der ungebremste Kapitalismus führt zur Ausbeutung unserer natürlichen Ressourcen. Hinzu kommt: Eine durch und durch materialistische Welt kann unsere Sehnsucht nach etwas, das größer ist als wir selbst, nicht befriedigen. Sie bietet keinen Raum für Glauben, Spiritualität und das, was heilig ist – und hinterlässt ein Gefühl der Leere, da der Sinn fehlt.

Der Schatten der modernen Weltsicht führte zur Entwicklung der **modernen pluralistischen Weltsicht**. Um Materialismus, sozialer Ungerechtigkeit, Umweltzerstörung und dem Verlust von Gemeinschaft und Sinn entgegenzuwirken, entstanden in einigen Bereichen Organisationen, die einem neuen, werteorientierten Paradigma folgen: harmonische Beziehungen, Gleichberechtigung, Konsens und Empowerment. Während in Unternehmen und Politik nach wie vor die leistungsorientierte Weltsicht dominiert, ist das moderne pluralistische Denken bereits in gemeinnützigen Organisationen, in NGOs und der Sozialarbeit angekommen. Organisation versteht sich in diesem Kontext als Familie oder Gemeinschaft, in der jeder seinen Platz hat und sich alle umeinander kümmern. Der wichtigste Durchbruch dieser Stufe sind das Empowerment der Mitarbeiter, also quasi die Hierarchie einer umgedrehten Pyramide, in der die Entscheidungen von unten getroffen werden. Ein weiterer Meilenstein ist die Integration verschiedener Interessengruppen: Verantwortung erstreckt sich nicht nur auf die Mitarbeiter, sondern auch auf Kunden, Zulieferer sowie die gesamte Gesellschaft und Umwelt.

Die Kehrseite der pluralistischen Weltsicht, so verlockend sie auch erscheinen mag, liegt in den inneren Widersprüchen, die sie produziert. Dauernder Konsens führt zu einer Lähmung der Organisation und allzu oft finden dann destruktive Machtspiele im Hintergrund statt. Um dieses Problem zu umgehen, setzen große Organisationen eher auf Empowerment und behalten die traditionelle hierarchische Struktur bei. Das wiederum macht es für die Führungskräfte nicht einfacher, da diese zwar Macht abgeben und ihre Mitarbeiter irgendwie ermächtigen sollen, gleichzeitig aber nach wie vor für gute Erträge, Leistung und Zielerfüllung verantwortlich sind!

Hier scheint wohl noch kein praktikabler Weg gefunden zu sein, denn auch in diesen Organisationen sind Konflikte und Machtspiele vorprogrammiert. Die Angst vor Macht- und Kontrollverlust scheint auch auf der pluralistischen Stufe noch nicht überwunden zu sein.

Die integrale evolutionäre Weltsicht – ein neues Paradigma?

Diese neue Form von Organisation befindet sich gerade in der Entwicklungsphase. Daher ist derzeit nicht vorhersehbar, ob sie sich durchsetzen wird. Die mögliche kommende Evolutionsstufe ist gleichzeitig ein Schritt zurück zu unseren wahren Wurzeln und zum Vorbild der Natur. Im integralen Paradigma wird es immer mehr darum gehen, unser einzigartiges Potenzial zu entfalten, unsere wahren Talente zu leben und eine sinnvolle Aufgabe auszuführen, die nicht nur den Lebensunterhalt sichert, sondern das Leben bereichert.

Wenn man berücksichtigt, dass die heutige Menschheit damit aufgewachsen ist, nach Erfolg zu streben und alles erreichen zu können, sofern man sich nur genug anstrengt, ist das ein geradezu revolutionärer Ansatz. Menschen, die der neuen Weltsicht folgen, orientieren sich nicht mehr an vorgegebenen Vorstellungen darüber, wie das Leben zu sein hat. Sie folgen ihrer inneren Stimme und ihrer Berufung. Auf der integralen Stufe identifizieren wir uns nicht mehr mit unserem Ego, sondern erkennen, dass es bisher unsere Ängste, Wünsche und Ziele waren, die unser Leben bestimmten und die Stimme unserer Seele übertönten. Vielleicht sind die derzeitigen Krisen und Erschütterungen notwendig, um unserer tiefen Sehnsucht nach Ganzheit endlich Raum zu geben – und zwar nicht nur im Privaten, sondern zunehmend auch in der Arbeitswelt. Wer die Welt aus der integralen Perspektive betrachtet, möchte in den alten hierarchischen Strukturen nicht mehr funktionieren müssen. Stattdessen wird unsere Fähigkeit gestärkt, dem Leben einfach zu vertrauen, anstatt alles im Voraus zu planen und zu kontrollieren. Wir werden entdecken, wie befreiend es sein kann, unsere Entscheidungen nach ihrer inneren Stimmigkeit und nicht mehr nach äußeren Maßstäben zu treffen. Wir fließen mit dem, was kommt. Wir beginnen, zu spüren und zu glauben und uns auf unsere natürlichen Wahrnehmungen zu verlassen.

Zu schön, um wahr zu sein? Vielleicht fragst dich, wie das alles funktionieren soll? Auch wenn vieles noch als Utopie erscheint, gibt es tatsächlich Organisationen, die bereits völlig neue Wege gehen. Frederic Laloux untersuchte zwölf von ihnen und stellte fest, dass alle diese Unternehmen ähnliche Arbeitsformen entwickelt haben, obwohl sie sehr unterschiedlich sind und zuvor nichts voneinander wussten. Dabei haben diese Aliens Prozesse und Strukturen entwickelt, die an lebende Systeme erinnern. Die drei entscheidenden Durchbrüche auf dem Weg zu einem integralen Organisationsmodell sind Selbstführung, Ganzheit und evolutionärer Sinn.

Das Prinzip der **Selbstführung** habe ich am Beispiel des Waldes bereits beschrieben. Die neuen Organisationen der integralen Stufe haben verstanden, dass die klassische Pyramidenstruktur bei zunehmender Komplexität nicht mehr funktioniert. In unserem Gehirn, eine der komplexesten Strukturen überhaupt, operieren 85 Milliarden Zellen koordiniert – und das völlig ohne Leitungsgremium! Würden wir diese durch eine hierarchische Pyramide ersetzen, wäre unser Gehirn funktionsunfähig. Dass es keine Machthierarchien gibt, bedeutet jedoch nicht, dass es überhaupt keine Hierarchien mehr gibt. Wie im Wald nutzen integrale Organisationen natürliche Hierarchien. Es geht nicht darum, Macht über andere auszuüben und schon gar nicht darum, dass alle gleich sind. Denn auch im Wald kooperieren die unterschiedlichsten Lebewesen, um *»zum besten, stärksten und gesündesten Ausdruck ihrer selbst zu werden«*.

Ganzheit bedeutet, auch am Arbeitsplatz ganz der Mensch zu sein, der wir sind. Wie viele Menschen tragen Tag für Tag eine unsichtbare, professionelle Maske? Wie viele verstellen sich, sobald sie ihr Unternehmen betreten haben? Diese Maskerade beruht auf beiderseitigen Ängsten. Auf der Unternehmensseite mag die Befürchtung bestehen, dass das Chaos ausbricht, sobald die Menschen mit ihrem ganzen Selbst, also auch ihren Stimmungen, Gefühlen, Wünschen und Eigenarten zur Arbeit kommen. Auf der Mitarbeiterseite mag die Befürchtung bestehen, sich verletzlich zu machen und Nachteile in Kauf nehmen zu müssen, wenn man zu viel von sich zeigt. Die Anteile, die wir in der rationalen Arbeitswelt gerne verstecken, also unsere emotionale, intuitive und spirituelle Seite, scheinen nicht unbedingt karriereförderlich zu sein, während das Ego in Form von Karrierestreben und Machtkämpfen eher akzeptiert und toleriert wird.

Evolutionärer Sinn bedeutet, darauf zu vertrauen, dass die Organisation als lebender Organismus ihren eigenen Sinn erspüren und entwickeln wird. Unternehmen auf der integralen Stufe wollen die Zukunft durch die Entwicklung von Strategien nicht mehr vorhersagen – sie hören darauf, wohin sich die Organisation entwickeln möchte. Damit sind sie sehr nah an der Vorgehensweise der Natur, die ebenfalls keinen strategischen Plan verfolgt, sondern das Leben einfach geschehen lässt. Sie spürt und nimmt wahr. In einem lebenden System kann jede Zelle Veränderung anregen! Integrale Organisationen können durchaus auch über Strategien verfügen, sie sind jedoch nicht darauf fixiert. Strategiepapiere dienen hier bestenfalls als Grundlage und sind keineswegs in Stein gemeißelt.

Geld und Gewinn

Unternehmen müssen und dürfen Gewinne machen. Nur so können sie auf Dauer existieren und investieren. Auch unter den Organisationen, die bereits auf der integralen Stufe wirtschaften, findet man gewinnorientierte Unternehmen. Wer es allerdings mit Selbststeuerung, Ganzheit und evolutionärem Sinn wirklich ernst meint, erkennt auch schnell die Schattenseiten unseres Geld- und Finanzsystems. Denn wir haben damit ein Instrument erschaffen, welches es uns ermöglicht, über unsere Bedürfnisse zu leben. Immer mehr davon haben wollen, immer mehr Gewinne machen, und zwar ausschließlich der Rendite willen – das ist die Strategie des Egos.

Der Natur ist dieses Prinzip vollkommen fremd. Sie nimmt keine Kredite auf und konsumiert auch nicht auf Kosten der Zukunft, sondern verbraucht nur das, was sie wirklich benötigt. Ihre Währung ist die Teilhabe, das Fülle-im-Hier-und-Jetzt-Prinzip, an dem alle beteiligt sind. Wenn Organismen voneinander profitieren, wie beispielsweise Bäume und Pilze, dann basiert diese Zusammenarbeit auf Gleichberechtigung. Es ist in der Natur schlicht nicht vorgesehen, dass einige wenige immer reicher werden, während andere immer ärmer werden. In einem funktionierenden Ökosystem sind alle voneinander abhängig und alle haben etwas davon.

Um eines klarzustellen: Geld zu haben und gut zu leben ist an sich nichts Schlechtes, ganz im Gegenteil. Doch Geld und Gier hängen eng zusammen, solange wir Geld nicht als das begreifen, was es wirklich ist – eine Form von Energie. Nicht mehr und nicht weniger. Wir können mit Geld sehr viele sinnvolle Dinge tun. Wir können es aber auch für sehr viele unsinnige Dinge ausgeben. Wer seine Zufriedenheit aus nicht-materiellen Dingen bezieht, ist zufriedener – und Geld wird ab diesem Zeitpunkt nicht mehr wichtig. Wenn alle genug zum Leben haben (und sich dessen bewusst sind), rücken andere Aspekte in den Vordergrund: Sinn, Zufriedenheit, Beziehungen, ein übergeordnetes Ziel, das Wohl aller – das sind die Leitwerte der integralen Weltsicht.

Die Realität ist komplex

Das Stufenmodell hilft uns dabei, verschiedene Weltsichten zu verstehen. Die Realität ist allerdings sehr viel komplexer. Hinzu kommt: Die Stufen beschreiben die Prozesse, Strukturen und die Kultur einer Organisation – und weniger die Menschen. Auch in einem traditionellen Unternehmen können ganz unterschiedliche Persönlichkeiten beschäftigt sein. Und keine Organisation befindet sich nur auf einer Stufe – in der Praxis sind Mischtypen die Regel.

Jeder Ansatz hat seine Berechtigung und jeder Ansatz verfügt über Elemente, die unabdingbar sind und sich im Idealfall ergänzen sollten. Oft ist das jedoch nicht der Fall. Während Manager der leistungsorientierten Unternehmen die pluralistischen für ihre Träumereien gerne belächeln, lehnen die werteorientierten Organisationen jede Form von Professionalisierung und Performanceorientierung ab. In dieser Einseitigkeit drohen die einen seelenlos zu bleiben, während die anderen an ihrer Unprofessionalität zu scheitern drohen. Die aktuell vorherrschenden Organisationsformen haben es beide nicht geschafft, ein gesundes, am Menschen orientiertes Führungsverständnis zu implementieren. Während die einen zu strikt agieren, sind die anderen zu orientierungslos. Und beiden Formen ist es nicht gelungen, Ängste zu überwinden: die Angst davor, enttäuscht zu werden, wenn man Vertrauen schenkt. Oder die Angst vor einem Machtverlust, wenn die Mitarbeiter eigenständig entscheiden. Die Angst davor, als Manager nicht mehr gebraucht zu werden. Und noch einige andere.

Vielleicht werden diese Ängste in Zukunft überwunden werden. Vielleicht werden immer mehr Organisationen auftauchen, die sich an der integralen Weltsicht orientieren und stärker auf Selbststeuerung setzen.

Mir ist bewusst, dass auch meine Sichtweise in diesem Buch nicht ohne Widersprüche auskommt. Denn meine Vorgehensweise macht Anleihen bei allen drei Ansätzen. Meine Ausführungen zum Thema Marke und Werte gehen sehr konform mit dem pluralistischen, werteorientierten Ansatz, während meine Vorstellungen von Ökonomie Elemente des leistungsorientierten Ansatzes aufweisen. Meiner Ansicht nach ist Werteorientierung ohne Performance nicht erfolgreich. Die Basis meines Ansatzes ist jedoch der Glaube an etwas, was den

Menschen wichtig ist und dem Leben Sinn gibt. Gleichzeitig orientiert sich natürliches Management an der Natur, in der Hierarchie und Schwarmintelligenz gleichberechtigt nebeneinander existieren. Das ist die Idee des integralen Ansatzes, bei dem es eben keinen »Master« gibt und das gesamte System dadurch selbstständig und kreativ auf Veränderungen reagieren kann. In gewissen Situationen braucht es vielleicht hierarchische Strukturen, in anderen wiederum ist die Intelligenz des Schwarms die erfolgreichere Strategie.

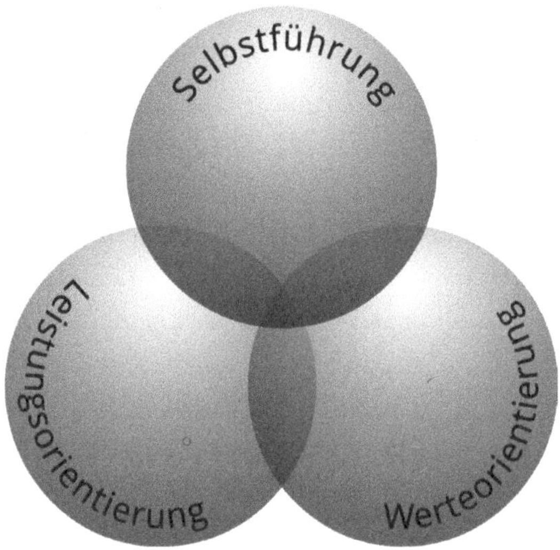

Abb. 3 Venn-Diagramm des integralen Ansatzes (eigene Darstellung)

Für Transformationsprozesse gibt es kein Patentrezept. Jeder Weg ist einzigartig und jede Organisation muss für sich selbst herausfinden, wie es gelingen kann. Was es braucht, sind Helden, die an etwa glauben – Visionäre in leitenden Positionen, die den Mut haben, alles Hergebrachte über Bord zu werfen und zu neuen Ufern aufzubrechen. Bist du einer davon?

Dein Natural Leadership Canvas: Feld 2

Wenn du dieses Kapitel gelesen hast, wirst du die Organisation, in der du arbeitest, womöglich einmal unter einem anderen Blickwinkel betrachten. Folgende Reflexionsfragen helfen dir dabei, die wichtigsten Inhalte zu sortieren, damit du diese anschließend in das erste Feld deines Natural Leadership Canvas übertragen kannst.

In welcher Phase der Entwicklung befindet sich mein Unternehmen? Eher leistungsorientiert, traditionell oder pluralistisch?

An welchen Regeln und Mechanismen mache ich das fest?

- Entscheidungen
- Gehaltsgestaltung
- Einbeziehung von Mitarbeitern
- …

Wie bewerte ich diese Regeln? Wofür sind sie gut, wo sehe ich Nachteile?

Was sind die Stärken meines Unternehmens?

Was fehlt in meinem Unternehmen? (Hierbei reicht es, ein Gefühl zu beschreiben, es muss nicht eine genaue Auflistung sein)

____

____

In welcher Marktphase befindet sich mein Unternehmen – Unkraut, Gras, Busch, Baum oder Tier?

____

____

Was braucht mein Unternehmen in dieser Phase – eher Agilität, Stabilität oder einen ganz anderen Wert?

____

____

Ich stelle mir vor, ich befinde mich jetzt im Jahr 2035 und stelle mir folgende Fragen:
Wichtig: Hier ist alles möglich. Lass deiner Vorstellungskraft freien Lauf!
Wie sieht die Organisation aus, in der ich mich mit Freude und Motivation einbringe?

____

____

Was machen wir anders als früher?

Womit sind wir erfolgreich?

Wie fühlt sich das für mich an?

Wie hat sich mein Leben dadurch verändert – privat wie beruflich?

Wie hat sich die Welt verändert?

Was würde ich als Leader **heute** denken und tun, wenn dieses neue Bild schon Wirklichkeit wäre? Wie würde ich mich verhalten?

Wenn du magst, kannst du auch eine kleine Skizze deiner Vision machen. Übertrage die wichtigsten Erkenntnisse alle deiner Antworten auf das Blatt mit dem Wald (siehe QR-Code unten). Wenn du noch zusätzliche Ideen oder Gedanken hast, schreibe dies ebenfalls dazu!

Prinzip 3: Der Elefant – Empathie und Mitgefühl

»Es muss von Herzen kommen, was auf Herzen wirken soll.«

(Johann Wolfgang von Goethe)

Wenn du einmal über deine persönlichen Werte nachdenkst: Was ist dir als Leader besonders wichtig? Ein harmonisches Team? Ein gutes Miteinander? Ein sicherer Arbeitsplatz? Ein hohes Maß an Verantwortung? Die Vereinbarkeit von Beruf und Familie? Eine hohe Leistung erbringen zu können? Eine sinnvolle Aufgabe? Anderen helfen zu können?

Wenn du diese Frage zehn verschiedenen Menschen stellen würdest, dann würdest du vermutlich ganz unterschiedliche Antworten darauf bekommen. Das liegt daran, dass jeder Mensch ganz individuelle Werte oder Wertvorstellungen hat. Dennoch gibt es auch grundlegende gesellschaftliche Werte, die dem Zeitgeist geschuldet sind und sich daher im Lauf der Zeit immer wieder ändern. Werte sind grundlegende, positiv betrachtete Eigenschaften, Prinzipien und Ideale, nach denen wir unser Handeln ausrichten. Sie sind deine Wegweiser, die dir im Leben immer wieder die Richtung zeigen: Wofür investierst du gerne deine Energie und deine Zeit? Insbesondere in Entscheidungsprozessen lenken deine Werte deine Aufmerksamkeit auf das, was dir in deinem Leben wirklich wichtig ist.

Werte sind auch ein wichtiger Schlüssel zu innerer Harmonie. Deine Werte bringen dich dem Sinn deines Lebens ein Stück näher. Wenn du irgendwann als alter Mensch auf dein Leben zurückblicken wirst, dann wird deine Zufriedenheit in erster Linie davon abhängen, ob es dir gelungen ist, ein Leben im Einklang mit deinen Werten zu führen. Das betrifft natürlich auch deine Aufgabe als Leader. Kannst du dir vorstellen, dass sich jemand am Ende seines Lebens wünschen würde, mehr Zeit im Büro verbracht oder mehr Geld verdient zu haben? Eher nicht, oder? Wenn du rückblickend sagen kannst, dass diese Aufgabe für dich Sinn gemacht hat, weil sie deinen Werten entsprach, dann hast du in deinem Leben ganz viel richtig gemacht.

Die Zeit, in der wir gerade leben, ist eine Phase des Übergangs: Unsere Wachstumsgesellschaft entwickelt sich ganz allmählich zu einer Post-Wachstumsgesellschaft. Das bedeutet, dass in Zukunft andere Werte wegweisend sein werden. Bisher waren die gängigen Idealvorstellungen von Erfolg und Karriere überwiegend kapitalistisch orientiert. Nun gewinnen Werte an Bedeutung, die mit Sinnhaftigkeit, Kooperation, freieren Gestaltungsmöglichkeiten und der Vereinbarkeit von Beruf und Familie verbunden sind.

Hat die Natur auch Werte?

Unseren persönlichen Werten ist eines gemeinsam: Wir können uns bewusst dafür entscheiden und einen Wert auch wieder verändern, wenn sich unsere Lebenssituation geändert hat oder wir aufgrund von Reife- und Entwicklungsprozessen plötzlich andere Prioritäten im Leben haben. In der Natur gibt es keine Instanz, die bewusst Werte postuliert oder eine Veränderung von Werten einleitet. Denn sie kennt keine Ethik in unserem Sinne. Was jedoch noch lange nicht heißt, dass in der Natur das Ego dominiert. In den vorigen Kapiteln ging es darum, dass nicht immer der Stärkste, sondern häufig der Anpassungsfähigste gewinnt. Das kann aber auch der Sozialste oder der Selbstloseste sein – oder die Mannschaft mit den besten Teamplayern! Da die Natur enorm vielseitig ist, hat sie im Verlauf ihrer Geschichte viele *wert-volle* Strategien entwickelt, um ihr Überleben zu sichern. Viele Forscher gehen heute davon aus, dass gerade die Entwicklung sozialer Verhaltensweisen wie Uneigennützigkeit, Empathie, Mitgefühl und Kooperation dafür gesorgt haben, dass das Leben immer weitergeht. Das ist auch logisch, denn wer anderen hilft, kann selbst mit Hilfe rechnen, falls es notwendig sein sollte. In vielen Fällen vergrößert sich die Überlebenschance einer Spezies, wenn das eigene Interesse zumindest zeitweilig unter das gemeinsame Interesse gestellt wird.

Das Ausmaß und der Ideenreichtum von Kooperation und gegenseitiger Hilfe in der Natur ist riesig. Vieles davon ist uns vertraut, denn altruistisches Verhalten bildet auch den Grundstock unserer menschlichen Wertvorstellungen. Unser Gefühl für Fairness hat nämlich eine genetische Basis. Die Evolution hat uns mit sogenannten Spiegelneuronen ausgestattet, die uns zu empathischen, sozialen Wesen machen. Diese Nervenzellen im Gehirn werden immer dann aktiviert, wenn wir eine Handlung durchführen, sie beobachten oder darüber nachdenken. Sie sind dafür verantwortlich, dass wir uns in andere hineinversetzen und dadurch mitfühlend auf unsere Mitmenschen reagieren können. Nur so konnten unsere Vorfahren stabile Gemeinschaften bilden und mit gegenseitiger Unterstützung dauerhaft überleben.

Empathie und Mitgefühl sind zwei verwandte Begriffe, die jedoch eine unterschiedliche Bedeutung haben: Wenn wir von Empathie reden, dann meinen wir die Fähigkeit, die Empfindungen eines anderen Menschen nachzuvollziehen, ohne notwendigerweise das Gleiche fühlen zu müssen. Das Mitgefühl geht noch einen Schritt weiter: Wer sich mitfühlend verhält, hat nicht nur Verständnis für die Gefühle eines anderen, sondern teilt diese Gefühle und hat darüber hinaus den Wunsch, diese Person in ihrer Situation zu unterstützen oder zu trösten.

Auch die Natur ist zu dieser hohen Leistung fähig, schließlich muss sie Herden dauerhaft und verlässlich zusammenhalten. Werte wie Empathie und Mitgefühl tragen dazu bei, die Chancen einer Gruppe zu verbessern – sowohl im afrikanischen Busch als auch im Büro!

Der Elefant: sensibler Riese mit Familiensinn

Ein besonders beeindruckendes Beispiel für soziales, empathisches und mitfühlendes Verhalten ist der Elefant. Denn die grauen Dickhäuter sind nicht nur die größten Säugetiere an Land, sie gehören neben Walen und Primaten auch zu den intelligentesten Tieren auf unserem Planeten. Elefanten erkennen sich selbst im Spiegel – eine hohe Leistung des Bewusstseins, die man nur von wenigen Tierarten wie Menschenaffen, Delfinen, Pferden und Elstern kennt.

Zu wissen, wer man ist, gehört zu den Voraussetzungen eines Lebens in stabilen sozialen Gruppen. Die geselligen und gefühlvollen Riesen lassen sich von Werten wie Verständnis und Großzügigkeit leiten. Dabei endet ihre Hilfsbereitschaft nicht an den Grenzen der eigenen Herde, sondern bezieht auch andere Elefanten ein – und sogar andere Lebewesen wie uns Menschen, sofern sie uns als vertrauenswürdig erachten.

Elefanten leben in komplexen Netzwerken. In einer Elefantenherde sind es die Frauen, die den Ton angeben. Männliche Tiere verlassen die Herde, sobald sie eigenständig sind, und leben anschließend alleine oder mit anderen Bullen in einem losen Verbund zusammen, in dem ein älterer Elefant den Jungtieren »Elefantenbenehmen« beibringt. Nur zur Paarung treffen sie wieder auf eine Herde. Die weiblichen Tiere einer Familie bleiben lebenslang zusammen und werden von dem ältesten und erfahrensten Weibchen, der Leitkuh, angeführt. Da sie die Gruppe zu den besten Futter- und Wasserplätzen bringt und vor Feinden beschützt, hängt das Wohlergehen aller von ihrer Erfahrung und Klugheit ab. Die Leitkuh bleibt ein Leben lang in ihrer verantwortungsvollen Position. Nach ihrem Tod übernimmt oft eine ihrer Töchter die Rolle der Anführerin.

Elefanten kümmern sich fürsorglich umeinander und gehen langfristige, enge Bindungen zu ihren Artgenossen ein. Da sie ein gutes Gedächtnis haben, können sie einen anderen Dickhäuter auch nach langer Trennung wiedererkennen. Bei einem solchen Wiedersehen beschnüffeln sich die Elefanten lange Zeit intensiv und berühren sich immer wieder mit den Rüsseln – als ob sie die Merkmale und das Befinden ihres Artgenossen noch einmal mit ihren Erinnerungen abgleichen wollten. Überhaupt lieben und brauchen Elefanten sehr viel Körperkontakt: Das Schmusen, Berühren, und Aneinanderreiben ist für das soziale Miteinander in einer Elefantenherde enorm wichtig.

Eine ganz besondere Beziehung ist die zwischen Mutter und Kind. Eine Elefantenkuh ist fast zwei Jahre lang trächtig – so lange wie kein anderes Tier. Daher ist die Geburt eines Elefantenbabys ein ganz besonderes Ereignis, bei dem es ganz selbstverständlich ist, dass die weiblichen Tiere die gebärende Kuh unterstützen. So versammeln sich die Tiere während des Geburtsprozesses um die Mutter und helfen, falls es einmal Schwierigkeiten gibt.

Ein erfahrenes Weibchen übernimmt die Rolle der Hebamme, indem sie das Baby aus der Fruchtblase befreit. Ist der kleine Elefant dann geboren, wird er von seinen Tanten, Geschwistern und den sonstigen Verwandten der Herde durch Beschnuppern, Berühren mit den Rüsseln und ein leises Brummen liebevoll begrüßt. Auch bei der Aufzucht des Nachwuchses hilft die ganze Herde mit. Ist Gefahr in Verzug, bilden alle gemeinsam einen Verteidigungswall um ihre Jungen. Um ihr Neugeborenes zu schützen, würde eine Elefantenmutter wirklich alles tun! Die intensive weibliche Fürsorge ist überlebenswichtig für den Fortbestand der Herde, denn die kleinen Jumbos sind sehr lange auf die Erwachsenen angewiesen. Erst mit zwei Jahren beginnen sie, alleine zu fressen, und selbst dann dauert es oft noch drei weitere Jahre, bis sie gar nicht mehr gesäugt werden. Erst im Alter von 12 bis 13 Jahren sind die Jungtiere erwachsen. Weibliche Tiere können nun selbst Mutter werden, männliche Tiere verlassen die Herde.

Werteorientierung in einer Elefantenherde

Elefanten erreichen eine Schulterhöhe von bis zu vier Metern und können bis zu sechs Tonnen schwer werden. Kein anderes Tier würde es mit einem erwachsenen Elefanten aufnehmen, da dieser aufgrund seiner schieren Masse in der Lage ist, jeden Angreifer in Grund und Boden zu stampfen. Die evolutionäre Überlebensstrategie der grauen Riesen beruht jedoch nicht auf Kampf, sondern auf Werten wie Familiensinn, Solidarität, Hilfsbereitschaft und Mitgefühl. Alte, kranke und verletzte Tiere werden nicht alleine gelassen, sondern von der Gruppe aufopferungsvoll umsorgt und geschützt. Das gilt auch für die erfahrene Leitkuh, die fürsorglich von der Herde unterstützt wird, wenn ihre Kräfte nachlassen. Ist ein Tier geschwächt, bringt die Gruppe Futter, versorgt die Wunden und wartet geduldig, bis die Verletzungen heilen und die Herde gemeinsam weiterziehen kann. Wer nicht eigenständig laufen kann, wird mit den Stoßzähnen gestützt oder getragen.

Was ihre Sozialkompetenz betrifft, gehören Elefanten wohl zu den begabtesten Arten im Tierreich. Die sanften Riesen sind hoch empathisch und können sich in ihre Artgenossen hineinversetzen. Sie spüren, wenn ein anderer Elefant Angst, Stress oder Kummer hat – und zeigen Mitgefühl, indem sie sich gegenseitig trösten. Erschrickt ein Elefant – zum Beispiel, wenn er eine Schlange bemerkt – dann beginnt er zu grummeln, und sein Schwanz und seine Ohren stellen sich auf. In solchen Momenten erscheint meist ein anderer, häufig weiblicher Elefant und versucht den anderen Dickhäuter zu beruhigen. Dafür haben Elefanten allerlei Schmuserituale entwickelt. Sie berühren sich mit dem Rüssel, machen beruhigende Geräusche und reiben sich aneinander, um zu signalisieren, dass sie für den anderen da sind. In Abhängigkeit von der Situation, die dem anderen Elefanten widerfahren ist, kann diese Zuwendung mehrere Tage andauern. Das ist besonders dann erforderlich, wenn eine Mutter ihr Jungtier verloren hat. Denn die Dickhäuter mögen zwar eine dicke Haut haben, zeigen aber deutlich, dass ihnen der Verlust eines Angehörigen nahegeht.

Stirbt ein Gruppenmitglied, kümmern sich die anderen Tiere um den Leichnam, geben Laute von sich, die sie sonst nie verwenden, und zeigen Anzeichen von Trauer und Mitgefühl. Manche Elefanten kehren sogar regelmäßig zu den Knochen ihrer verstorbenen Vorfahren zurück, um diese sanft zu beschnuppern und immer wieder zu berühren. Möglicherweise nehmen sie dadurch den Artgenossen als »verstorben« in ihrem Gedächtnis auf. Das ungewöhnliche Verhalten der Elefanten führte zu der Vermutung, dass die hoch entwickelten, feinfühligen Wesen tatsächlich trauern. Dabei sondern sie einen verstärkten Sekretfluss aus ihren Drüsen ab, was auf eine gewisse Emotionalität schließen lässt. Auch wenn keiner genau sagen kann, was sie dabei wirklich empfinden – der Umgang der Elefanten mit ihren Toten ist ein faszinierendes Beispiel dafür, dass auch in der Natur Familienbeziehungen über den Tod hinaus andauern können.

Die Geschichte des »Elefantenflüsterers« und seiner Herde

Über eine besondere, nahezu spirituelle Beziehung zwischen Mensch und Elefant berichtet der Naturschützer Lawrence Anthony in seinem Buch »Der Elefantenflüsterer[12]«. Anthony nahm eine wilde und traumatisierte Elefantenherde in seinem südafrikanischen Reservat auf. Die Tiere hatten schlechte Erfahrungen mit Menschen gemacht und galten als problematisch und aggressiv. Auch waren sie versierte Ausbrecher, die sehr geschickt selbst stabilste

Elektrozäune überwinden konnte. Anthony wusste, dass seine »Problemherde« unweigerlich erschossen werden würde, sobald sie das Reservat auf eigene Faust verließe. Mit sehr viel Geduld, Feingefühl und Achtsamkeit gewann er schließlich das Vertrauen der traumatisierten Tiere und »überredete« sie, zu bleiben.

Das war der Beginn einer außergewöhnlichen Verbindung. Der Naturschützer und die Leitkuh Nana schienen eine geradezu telepathische Verbindung zu besitzen. Die Herde wusste immer genau, wann Anthony auf Reisen war, und stand jedes Mal pünktlich zu seiner Rückkehr zur Begrüßung vor dem Haus. Niemand vermag zu sagen, wie die Tiere an diese Informationen gelangten; denn als er einmal sein Flugzeug verpasste, drehten sie zur gleichen Zeit auf halbem Weg einfach um.

Als Anthony überraschend verstarb, trauerte nicht nur seine Familie um ihn. Wie sein Sohn berichtete, versammelten sich zwei Tage später alle Elefanten vor seinem Haus und hielten eine Art Totenwache ab – und das, obwohl sich die Tiere ganz am anderen Ende des Reservats befunden hatten und zwei Tage durch den Busch laufen mussten. Wie sie vom Tod ihres Freundes erfahren hatten, bleibt wohl ihr Geheimnis.

COACHING-TIPPS VOM ELEFANTEN

Anthony schreibt über seine Elefanten: *»Sie haben mich gelehrt, dass alle Lebensformen dieser Welt aufeinander angewiesen sind, wenn wir überleben und glücklich werden wollen. Sie haben mir gezeigt, dass es im Leben um mehr geht als um die eigene Person, die eigene Familie oder die eigene Spezies.«*

Elefanten sind hervorragende Lehrmeister, um uns jene Werte zu vermitteln, die in den letzten Jahrzehnten nicht die Beachtung erfahren haben, die ihnen zusteht. Vom Elefanten kannst du lernen, dass alles Streben nach Wachstum und Profit letztendlich keine Zufriedenheit bringt, sofern wir nicht Werten wie Respekt, Achtsamkeit, Hilfsbereitschaft, Fürsorge und Familie einen höheren Stellenwert einräumen.

TIPP 1: Du bist stets auf andere angewiesen

Niemand ist eine Insel und niemand lebt für sich allein. Das ist das Erfolgsprinzip der Elefantenherde. Elefanten sind nämlich in der Lage, Ferngespräche mit ihren Artgenossen zu führen – und zwar über Entfernungen von bis zu zehn Kilometern! Sie kommunizieren – ähnlich wie Wale – mithilfe von Lauten im Infraschallbereich, die für uns kaum wahrnehmbar sind. Auch durch Bodenstampfen können sie sich anderen mitteilen. Mit dieser Geheimsprache unterstützen sie sich gegenseitig: Sie warnen sich vor Gefahren, weisen auf Nahrungsquellen hin oder begeben sich auf Partnersuche. Und wer weiß? Vielleicht reden sie auch über uns. Wird die Information von einer Herde zur nächsten weitergegeben, kann sich das Kommunikations- und Hilfenetzwerk der Elefanten über einen ganzen Kontinent erstrecken.

Auch wir teilen unseren Lebensraum mit anderen. Und wie die Elefanten sind auch wir auf andere angewiesen und trotz großer Distanzen miteinander verbunden. Allerdings sind Zusammenhalt, Solidarität und Hilfe im globalen Wettbewerb bis heute keine ethischen Maßstäbe unseres Wirtschaftens. Ob wir auch in Zukunft ein gutes Leben haben werden, hängt davon ab, ob wir es schaffen werden, nicht nur an unser eigenes Wohlbefinden und unseren Profit zu denken, sondern auch daran, was unser Handeln an anderer Stelle bewirkt. Als Leader wirst du nur dann mit einem guten Gefühl erfolgreich sein können, wenn du nicht nur deine Mitarbeiter fair behandelst und schützt, sondern alle, die ebenfalls an deinem Erfolg beteiligt sind – das betrifft Stakeholder wie Kunden, Produzenten und Lieferanten ebenso wie die Natur und ihre Ressourcen.

TIPP 2: Schätze weibliche Werte

Im überwiegend rationalen Berufsalltag sind vor allem die sogenannten männlichen Qualitäten besonders hoch angesehen: Leistung, Konkurrenz, Rationalität, Ergebnisorientierung – um nur einige zu nennen. In den Führungsetagen vieler Unternehmen dominiert daher eine Mentalität des Ellbogens; Machtspiele und Egodenken werden toleriert oder gelten sogar als unvermeidliche Voraussetzung für diejenigen, die eine Karriere in dieser Organisation anstreben. Typische weibliche Qualitäten wie Emotionalität, Fürsorge, Intuition, Spiritualität und Verbundenheit werden dagegen noch immer mit Argwohn betrachtet. Das hat zur Folge, dass diese Fähigkeiten – sowohl von Männern als auch von Frauen – unterdrückt werden, um der Karriere nicht zu schaden. Dabei wären es genau diese Qualitäten, die unsere Unternehmen enorm bereichern würden!

Von der Elefantenherde kannst du lernen, dass Erfolg nicht nur auf harten Zahlen, Fakten und Ergebnissen basiert, sondern dass es gerade die weichen Faktoren sind, die eine Gruppe zusammenhalten. Auch wenn diese nicht gemessen werden und sich daher nicht in den Erfolgszahlen eines Unternehmens widerspiegeln, kannst du als Leader eine Kultur schaffen, in der diese Qualitäten geschätzt und in ihrer Bedeutung für den Gesamterfolg deiner Organisation anerkannt werden.

TIPP 3: Führe empathisch

Empathie gehört zu unseren ältesten Fähigkeiten und gilt als eine der wichtigsten *Soft Skills* eines Leaders. Es ist schwer vorstellbar, dass wir Tätigkeiten, für deren Ausübung hohe empathische Fähigkeiten erforderlich sind, in Zukunft einer künstlichen Intelligenz überlassen wollen und werden. Zugegeben: Nicht alle Menschen besitzen ein Gespür für die Gefühlslage anderer. Das ist auch völlig in Ordnung, denn die Stärken sind unterschiedlich verteilt. Da uns die Natur aber in Gestalt der Spiegelneuronen eine soziale Grundausstattung mitgegeben hat, lässt sich empathisches Verhalten durchaus erlernen und entwickeln.

Empathie ist nicht nur eine Fähigkeit, sondern gleichzeitig auch ein Wert. Wenn Empathie zu deinen Werten gehört, dann ist dir das Wohl und die Unterstützung deiner Mannschaft wichtig. Dazu gehört auch, die Beziehungsleistung empathischer Mitarbeiter als Erfolgsbeitrag für die Gruppe besonders zu schätzen. Denn klar ist auch, dass sich das Ausmaß weicher Faktoren irgendwann auch in den harten Fakten wiederfindet. Wer sich von seiner Führungskraft und den Kollegen verstanden und gut aufgehoben fühlt, ist eher bereit, sich aktiv einzubringen, Risiken einzugehen, innovative Ideen zu entwickeln oder auch unbequeme Wahrheiten anzusprechen.

TIPP 4: Zeige deine wahre Größe

Elefanten sind die größten Säugetiere an Land. Dadurch verfügen sie über eine natürliche Autorität. Es liegt nicht in ihrer Natur, sich zu verstecken oder sich kleiner zu machen, als sie wirklich sind. Dank ihrer Präsenz gehen die grauen Riesen völlig selbstverständlich davon aus, dass sie respektiert werden und man ihnen Platz macht. Man kann sie schließlich auch nicht übersehen. Mit der gleichen Selbstverständlichkeit solltest du für dich und deine Werte einstehen. Lebe selbstbewusst all das, was dir wirklich wichtig ist, und verstecke dich nicht hinter einer Maske! Auch du verfügst über »männliche« und »weibliche« Qualitäten, und insbesondere in der Führungsrolle hast du das Recht, beides auszudrücken. Es geht dabei nicht um das Geschlecht, sondern um einen Ausgleich der Energien. Je authentischer und ehrlicher du dabei bist, umso weniger wird man dich übersehen können!

Warum die Natur keine Emanzipation braucht

In einer Elefantenherde haben die Frauen das Sagen. Damit sind sie kein Einzelfall, denn auch Bonobos, Orcas und Hyänen vertrauen ihren weiblichen Chefinnen. Bei vielen anderen Arten sind es die Männchen, die eine Gruppe anführen. Allerdings würde die Natur sich eine Frage niemals stellen: die der Emanzipation. Die Natur benötigt keine Frauenquoten. Sie hat es nicht nötig, weil männliche und weibliche Energie stets im Einklang und Teil der natürlichen Welt sind. Wenn du schon einmal in Freiheit lebende Tiere beobachten konntest, wirst du feststellen, dass das Erfolgsrezept der Natur das Matriarchat ist. Damit ist jedoch nicht das weibliche Pendant zum Patriarchat gemeint! In unserem Kulturkreis beschreibt das Patriarchat die Herrschaft der Männer und Väter. Ein Matriarchat hingegen ist keine »Mutterherrschaft« (das Wort wäre ja schon ein Widerspruch in sich), sondern eine Gesellschaftsform, in der das Weibliche dank seiner Fähigkeit, Leben zu erschaffen und zu erhalten, eine zentrale Rolle in Gesellschaft und Spiritualität einer Gruppe einnimmt.

Auch unsere Vorfahren kannten matriarchale Gesellschaftsformen. Sie waren geprägt von dem Glauben an die Wiedergeburt und der Auffassung, dass der gesamte Kosmos lebendig und heilig ist. Frühe Schöpfungsmythen legen nahe, dass zu Beginn unserer Menschheitsgeschichte das Matriarchat die vorherrschende Gesellschaftsform darstellte. Seit circa 9000 vor Christus, als die Jäger und Sammler sesshaft wurden, spielten Frauen in den Mythen eine bedeutende Rolle und wurden als Fruchtbarkeitsgöttinnen verehrt. Diese Mythen berichten davon, dass alles, was existiert, aus dem Leib einer Urgöttin hervorgegangen ist, das Weibliche daher als der Anfang der Existenz begriffen wird.[13]

Doch nach und nach verschwanden die Göttinnen aus den Mythen, und gleichzeitig begann eine weltweite Unterdrückung weiblicher Energie – typisch weibliche Stärken wie Kooperation, Fürsorge und Intuition wurden durch (männliches) rationales Denken, Wettbewerb und Konkurrenz verdrängt. Dadurch geriet die Welt in eine Schieflage, mit Konsequenzen, die wir bis heute spüren – der Zustand unseres Planeten ist ein deutliches Signal dafür, dass ihm die Weiblichkeit fehlt.

Der Elefant ist ein Repräsentant dieses Ungleichgewichts. Seit Millionen Jahren wandern diese hochintelligenten Tiere durch Wälder und Savannen und haben im Laufe der Zeit beeindruckende kommunikative und soziale Fähigkeiten entwickelt. Doch die sanften Riesen sind gefährdet, wenn auch glücklicherweise aufgrund massiver Interventionen nicht mehr bedroht. Die menschliche Gier nach Elfenbein und Profit hat ihnen allerdings viel Leid zugefügt. Unser Umgang mit den Elefanten ist daher auch ein Synonym für unseren Umgang mit der weiblichen Energie. Es ist sicher kein Zufall, dass alle Berufe, die auf traditionellen weiblichen Fähigkeiten basieren – wie die Pflege alter und kranker Menschen und die Betreuung von Behinderten und Kindern –, in unserer Berufswelt bisher keinen hohen Stellenwert hatten und entsprechend unterbezahlt sind. Dabei handelt es sich um Aufgaben, die für den Zusammenhalt und die Werte einer Gesellschaft enorm wichtig sind.

Unser Wirtschaftssystem benötigt dringend weibliche Impulse, um wieder heil und gesund zu werden. Dieses Wissen ist durchaus vorhanden, insbesondere in den alten Kulturen. Östliche Philosophien wie der Taoismus gehen davon aus, dass unsere Welt in Gegensätzen existiert. Diese beiden Prinzipien werden als Yin und Yang bezeichnet. Yang steht für das aktive, handelnde, männliche und dynamische Prinzip, Yin für das weibliche, passive, fürsorgliche und innerlich starke Prinzip. Beide Kräfte bekämpfen sich nicht, sie ergänzen sich und sind untrennbar miteinander verbunden. Das ist das Prinzip der Natur.

Werte sind ein kollektives Phänomen

Eine Elefantenherde ist erfolgreich, weil ihre Mitglieder gemeinsame Werte teilen. Was im fernen Afrika funktioniert, sollte auch für unsere Unternehmen und Organisationen ein Vorbild sein, nämlich ein kollektives Werteverständnis. Gemeinsame Werte verbinden und schaffen Zusammenhalt. Ein Wertekanon erleichtert es Menschen, sich in einer Gesellschaft, einer Berufsgruppe und auch in einem Unternehmen zu integrieren.

Ein Unternehmen ist zwar keine Herde im Sinne der Natur. Dennoch haben Unternehmen Werte. Als lebende Organismen verfügen sie nämlich über ein kulturelles Gedächtnis. Alle Kommunikationsvorgänge, die bisher wichtig waren und das Unternehmen erfolgreich gemacht haben – also zu seinem Überleben beigetragen haben – sind dort gespeichert. Das trifft natürlich auch auf die Unternehmenswerte zu. Im Idealfall handelt es sich dabei um Werte, die von den Mitarbeitern so verinnerlicht wurden, dass sie unbewusst im täglichen Miteinander gelebt werden und den Fokus auf das lenken, was wichtig ist. Werte sind dann zum festen Bestandteil der Kultur geworden, wenn sie nicht mehr explizit hinterfragt werden. Jeder, der längere Zeit im Unternehmen ist, hat diese innere Klarheit: *Bei uns macht man das so!* Und wenn du Führungskraft bist, dann weißt du in der Regel, auf welche Werte und Verhaltensweisen es ankommt, um im Unternehmen weiterzukommen – und was du als »gute« Führungskraft tun beziehungsweise unbedingt lassen solltest.

Langfristig gewachsene, geteilte Unternehmenswerte bringen viele Vorteile: Sie reduzieren Komplexität, stiften Sinn, geben Sicherheit und Orientierung, schaffen Identität und bieten eine Grundlage für Entscheidungen. Sie funktionieren also genauso wie deine persönlichen Werte.

Unternehmenswerte haben zudem einen großen Einfluss auf die Auswahl und die Führung der Mitarbeiter. Aber auch die Wahl der Geschäftspartner, das Entwickeln neuer Geschäftszweige und das Setzen von Prioritäten ist stark von den favorisierten Werten abhängig. Typische Unternehmenswerte sind zum Beispiel:

- Qualitätsbewusstsein
- Umweltbewusstsein/Nachhaltigkeit
- Kundenorientierung
- Freundlichkeit
- Zuverlässigkeit
- Innovationskraft
- …

Im Idealfall sollten deine persönlichen Werte mit den im Unternehmen tatsächlich gelebten Werten übereinstimmen beziehungsweise es sollte eine Schnittmenge gemeinsam geteilter Werte geben. Je größer die Diskrepanz deiner persönlichen Werte und denen deines Unternehmens oder deines Bereiches ist, umso unwohler wirst du dich fühlen, und umso eher werden deine Psyche und dein Körper mit Stress und den damit verbundenen Symptomen reagieren. Passen deine persönlichen Werte nicht zum Unternehmen, solltest du über einen Wechsel nachdenken.

Dein Natural Leadership Canvas: Feld 3

Werteübung:
Finde deine wichtigsten Werte

Nun geht es um dich und deine persönlichen Werte! Mit der nachstehenden Werteübung gewinnst du mehr Klarheit über deine Werte und was dir als Natural Leader wirklich wichtig ist.

1. Schritt: Suche dir aus der folgenden Liste zehn Werte aus, die dich ansprechen und von denen du denkst, dass du diese Werte verkörperst oder verkörpern möchtest.

2. Schritt: Reduziere die zehn Werte auf fünf Werte. Achte dabei darauf, dass du ähnliche Werte, wie zum Beispiel Empathie und Mitgefühl, gegeneinander bewusst abwägst und gegebenenfalls einen davon streichst.

3. Schritt: Schaue dir diese fünf Werte genau an, denn jetzt kommt die nächste Schwierigkeit: Reduziere diese nun von fünf auf drei Werte!

Im besten und idealen Fall bist du dir nun deiner drei Werte für dich selbst als Person und deinen Führungsstil bewusst. Falls nicht, hast du einen guten Anfang gemacht!

Werteliste

Achtsamkeit
Aktivität
Aktualität
Akzeptanz
Altruismus
Anerkennung
Andersartigkeit
Anmut
Ansehen
Anstand
Aufgeschlossenheit
Aufmerksamkeit
Ausdauer
Ausgeglichenheit
Ausgewogenheit
Authentizität
Begeisterung
Beharrlichkeit
Bescheidenheit
Besonnenheit
Dankbarkeit
Demut
Disziplin
Effizienz
Ehrlichkeit
Empathie
Entscheidungsfreude
Fairness
Fleiß
Freiheit
Freude
Frieden
Fröhlichkeit

Fürsorglichkeit
Geduld
Gelassenheit
Gemütlichkeit
Gerechtigkeit
Gesundheit
Glaubwürdigkeit
Großzügigkeit
Güte
Harmonie
Hilfsbereitschaft
Hingabe
Hoffnung
Humor
Idealismus
Innovativ
Inspirierend
Integrität
Intelligent
Interesse
Intuition
Klugheit
Konservativ
Kontrolle
Kreativität
Leidenschaft
Leichtigkeit
Liebenswürdigkeit
Loyalität
Menschlichkeit
Mitgefühl
Motivierend
Mut
Nachhaltigkeit
Nächstenliebe
Neutralität
Offenheit
Optimismus
Ordnungssinn
Pflichtgefühl
Präsenz
Pünktlichkeit
Realismus
Redlichkeit
Reinheit
Respekt
Rhythmus
Rücksichtnahme
Sanftheit
Sauberkeit
Selbstdisziplin
Sensibilität
Sicherheit
Solidarität
Sorgfalt
Sparsamkeit
Spaß
Spiritualität
Standfestigkeit
Stolz
Strenge
Sympathie
Tapferkeit
Teamgeist
Teilen
Toleranz
Traditionell
Transparenz
Treue
Tüchtigkeit
Unabhängigkeit
Unbestechlichkeit
Verantwortung
Verlässlichkeit
Verbundenheit
Vertrauen
Verzeihen
Wachsamkeit
Wärme
Weisheit
Weitsicht
Würde
Zielstrebigkeit
Zuverlässigkeit
Zuneigung

Meine 10 wichtigsten Werte sind:

1) ________________________________

2) ________________________________

3) ________________________________

4) ________________________________

5) ________________________________

6) ________________________________

7) ________________________________

8) ________________________________

9) ________________________________

10) ________________________________

Davon sind meine 5 wichtigsten Werte:

1) ________________________________

2) ________________________________

3) ________________________________

4) ________________________________

5) ________________________________

Die 3 wichtigsten Werte, die mich als Natural Leader leiten, sind:

1) ________________________________

2) ________________________________

3) ________________________________

Werte sind kein Ziel, das du kurzfristig erreichen kannst. Sie geben dir eine Richtung vor. Wenn du nun für jeden deiner drei Werte genauer definierst, was dieser ganz konkret für dich bedeutet, dann wird auch die Richtung klarer werden und du kannst geradliniger darauf zusteuern.

Wert 1: ____________________________

Was bedeutet dieser Wert für mich?

____

____

Was bedeutet dieser Wert nicht für mich?

____

____

Woran merke ich, dass ich nach diesem Wert lebe?

____

____

Woran merke ich es, wenn ich diesen Wert verrate?

____

____

Wie verhalte ich mich als Leader, wenn ich diesen Wert in den Mittelpunkt meiner Führungsaufgabe stelle?

____

____

Wert 2: ______________________________

Was bedeutet dieser Wert für mich?

____

____

Was bedeutet dieser Wert nicht für mich?

____

____

Woran merke ich, dass ich nach diesem Wert lebe?

____

____

Woran merke ich es, wenn ich diesen Wert verrate?

____

____

Wie verhalte ich mich als Leader, wenn ich diesen Wert in den Mittelpunkt meiner Führungsaufgabe stelle?

____

____

Wert 3: ______________________________

Was bedeutet dieser Wert für mich?

____

____

Was bedeutet dieser Wert nicht für mich?

____

____

Woran merke ich, dass ich nach diesem Wert lebe?

____

____

Woran merke ich es, wenn ich diesen Wert verrate?

____

____

Wie verhalte ich mich als Leader, wenn ich diesen Wert in den Mittelpunkt meiner Führungsaufgabe stelle?

____

____

Meine Unternehmenswerte

Nun geht es um die wichtigsten Werte deines Unternehmens. Das können, müssen aber nicht die Werte sein, die im Unternehmensleitbild oder in Führungsleitbildern beschrieben werden. Entscheidend ist eher, welche Werte tatsächlich gelebt werden, und zwar im Umgang mit Mitarbeitern, Kunden und externen Geschäftspartnern. Immer dann, wenn Verhaltensweisen so verinnerlicht sind, dass sie nicht mehr bewusst hinterfragt werden, steckt ein Unternehmenswert als Teil des kollektiven Gedächtnisses dahinter. Welches sind die drei wichtigsten Werte deines Unternehmens?

____

____

____

____

Betrachte nun noch einmal deine persönlichen Werte und die Unternehmenswerte, die du gefunden hast. Gibt es eine Schnittmenge? Welcher Unternehmenswert ist dir auch persönlich wichtig? Wofür setzt du dich gerne ein und warum?

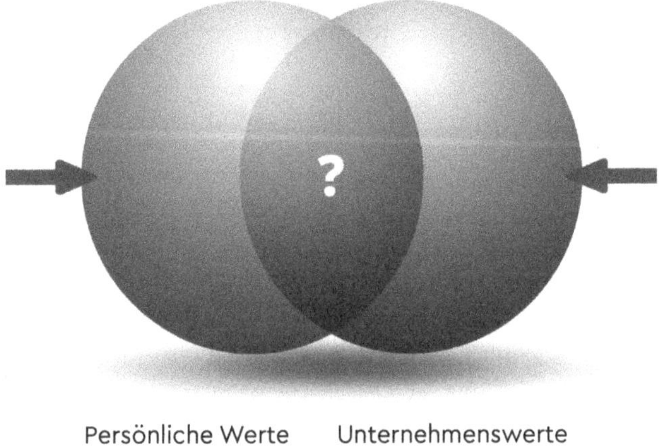

Abb. 4 Schnittmenge von Persönlichen Werten und Unternehmenswerten (eigene Darstellung)

Übertrage deine persönlichen Werte und die für dich wichtigsten Unternehmenswerte auf das Blatt mit dem Elefanten. (Über den QR-Code kannst du die Vorlagen für dein Natural Leadership Canvas herunterladen und ausdrucken.) Wenn du magst, kannst du noch ergänzen, was diese Werte für deine Aufgabe als Leader bedeuten und wie du diese konkret umsetzt.

Prinzip 4:
Der Löwe – Klarheit und Selbstmanagement

»So etwas wie ›Ich habe keine Zeit‹ gibt es nicht.
Es ist alles nur eine Frage der Prioritäten.«

Maciej Aniserowicz

Wann warst du zum letzten Mal so richtig faul? Hast es genossen, einmal gar nichts zu tun? Am Wochenende? Im vergangenen Urlaub? Einfach mal zwischendurch? Oder fällt dir das Nichtstun sogar schwer?

In unserer leistungsorientierten Gesellschaft hat der Müßiggang – zumindest im beruflichen Umfeld – keinen besonders hohen Stellenwert. Denn wer im Büro sitzt und gerade nicht mit irgendetwas offensichtlich Produktivem beschäftigt ist, steht schnell in Verdacht, nichts zu leisten. Insbesondere Führungskräfte landen häufig in der Produktivitätsfalle. Suggeriert doch der Begriff *Management* unmissverständlich, worum es beim *Managen* üblicherweise geht: Das englische Wort »to manage« bedeutet in der deutschen Übersetzung »etwas handhaben«, »mit etwas zurechtkommen«, oder »etwas bewältigen«. Im herkömmlichen Verständnis von Management ist damit in der Regel das Außen gemeint: Ein Manager hat die Aufgabe, ein Unternehmen oder einen Unternehmensbereich – also etwas sich außerhalb seiner Person Befindliches – zu managen. Daran wird seine Leistung gemessen. Als Natural Leader musst du jedoch vor allem in der Lage sein, dich selbst zu managen!

Selbstmanagement bedeutet nicht, deine Zeit zu managen. Zeit ist keine objektive Größe, die sich aufteilen, berechnen und planen lässt, mit dem Ziel, mehr davon zur Verfügung zu haben. Es geht also keineswegs darum, deinen Tagesablauf so zu optimieren, dass du möglichst keine Zeit »vergeudest«. Effizienz ist das Prinzip, welches in der Natur seit jeher die Evolution und das Überleben von Arten sichert. Und das kann auf sehr unterschiedliche Art und Weise passieren. Effizienz bedeutet, dass du deine Energie beziehungsweise deine Ressourcen optimal managen solltest, um deine Ziele zu erreichen. Und zwar mit möglichst geringem Aufwand, ohne Verlust oder Verschwendung. Jedes Lebewesen in der Natur unterliegt dem Prinzip, seine Energie nur für das Wesentliche zu verwenden. Hinzu kommt: In der Natur ist Energieversorgung eine reichlich mühsame Angelegenheit. Für eine Maschine mag das logisch und nachvollziehbar sein. Da wir Menschen aber keine Maschinen sind, wird dieses Prinzip bei der Übertragung auf den menschlichen Alltag häufig missverstanden. Denn manchmal muss man eben auch Zeit verlieren können, um effizient zu sein!

In unserer turbulenten und hektischen Arbeitswelt sind uns die natürlichen Werkzeuge und Methoden für einen entspannten Lebensrhythmus abhandengekommen. Dabei ist es gar nicht so schwierig, etwas gelassener zu leben und zu arbeiten – wie so oft hilft ein Blick auf die Natur.

Im erfolgreichsten Unternehmen der Welt gibt es daher ein paar echte Spezialisten für ein erfolgreiches Selbstmanagement. Und diese würden auch nicht von Faulheit, sondern von Klarheit und Effizienz reden. Einen ausgesprochen erfolgreichen Vertreter möchte ich dir hier vorstellen: den Löwen.

Der König der Tiere

Der Löwe symbolisiert Macht, Stärke und Mut. Daher wird er auch gerne als König der Tiere bezeichnet. Und in dieser Rolle lebt er ungemein entspannt. Ein männliches Tier schläft nämlich bis zu 20 Stunden am Tag. Er kann sich das leisten, denn schließlich steht er ganz oben in der Nahrungskette. Daher muss er auch kein Versteck aufsuchen, sondern kann jederzeit und überall dösen. Alles, was er zum Faulenzen braucht, ist etwas Schatten. Wer würde es schon wagen, einen schlafenden Löwen zu stören? Während kleinere und schwächere Tiere stets wachsam sein oder sich verstecken müssen, damit sie nicht von anderen Tieren angegriffen oder gefressen werden, ruht sich der Löwe einfach stundenlang aus.

Das lange Dösen ist gleichzeitig seine Erfolgsstrategie, denn es garantiert einen sparsamen Umgang mit den Energiereserven. Als Fleischfresser ist der Stoffwechsel des Löwen auf eine langsame Verdauung ausgerichtet, weshalb er sich nicht alle paar Stunden erneut auf Nahrungssuche begeben muss.

Der König der Tiere hat Zeit. Viel Zeit. Er lebt das Konzept der Fülle. Daher würde er auch niemals jammern, dass er zu wenig davon hat. Ein Tag hat 24 Stunden, das ist eine Menge Zeit, um sich auszuruhen und um seine Kräfte für die Gelegenheiten zu schonen, in denen er gebraucht wird.

Ein Löwe muss auch nicht permanent präsent sein. In kritischen Situationen ist er jedoch sofort wieder hellwach und kämpft im wahrsten Sinne des Wortes »wie ein Löwe« – das ist meist der Fall, wenn er sein Rudel gegen jüngere, umherziehende Löwen verteidigen muss, die gerne seine Position einnehmen würden. Bei Revierkämpfen versteht der Löwe keinen Spaß, weshalb sie häufig mit dem Tod eines der Rivalen enden. Doch offensichtlich genügen diese Einsätze, um seine Position zu behaupten – der Rest ist effizientes Selbstmanagement. Vor allem verschwendet der Löwe seine kostbare Zeit nicht mit Aufgaben, die andere besser, schneller und vor allem kostengünstiger übernehmen können. Für die Jagd, die Futtersuche und die Aufzucht des Nachwuchses gibt es schließlich Fachpersonal! Dafür sind die Löwenweibchen zuständig, weshalb er von ihnen immer gleich mehrere beschäftigt.

Da erfolgreiches Delegieren immer auch mit der Kontrolle des Ergebnisses einhergeht, praktiziert der Löwe *Management by Walking Around*, das heißt er schaut immer wieder einmal nach, ob alles nach Plan läuft oder ob er eingreifen muss.

Vielleicht gilt der Löwe ja auch deshalb als König der Tiere, weil er nicht nur die Kunst des Delegierens, sondern auch die des Loslassens perfekt beherrscht. Selbst wenn es Probleme geben sollte – die Jagd ist Aufgabe der Löwinnen, das respektiert er und daher würde er hier auch nicht einschreiten – mit einer Ausnahme: Wenn seine Stärke und Größe einen Vorteil bieten, etwa bei sehr großen Beutetieren, lässt er sein Team natürlich nicht im Stich und beteiligt sich an der Jagd. Denn dass er den Beutefang den Löwinnen überlässt, heißt nicht, dass er selbst nicht jagen kann! Männliche Löwen sind sehr gute Jäger, auch wenn sie das nicht ständig unter Beweis stellen müssen.

Denn ganz offensichtlich leidet der Selbstwert eines Löwen nicht darunter, von den Damen seines Rudels mitversorgt zu werden.

Beim Delegieren geht der Löwe sogar noch einen Schritt weiter, denn er lässt auch externe Spezialisten für sich arbeiten. Hyänen, Leoparden oder Geparden sind allesamt hervorragende Jäger. Nach getaner Arbeit nimmt der Löwe ihnen daher schon mal die Beute ab, um sich seinen »Löwenanteil« zu sichern. Kein besonders altruistisches Verhalten und nicht nachahmenswert im Unternehmenskontext, aber der Löwe ist nun einmal Löwe!

COACHING-TIPPS VOM LÖWEN

Wäre der Löwe Führungskraft in einer Organisation, dann würde sein entspannter Führungsstil vermutlich auf drei Erfolgsregeln beruhen:

- möglichst wenig selbst tun,
- nur Profis für sich arbeiten lassen
- und wenn es darauf ankommt, Stärke zeigen.

Natürlich sind Löwen eine sehr dominante Spezies und nicht alle Verhaltensweisen würden im menschlichen Miteinander gut ankommen. In einem übertragenen Sinne kannst du dir vom Löwen jedoch einige Tipps für ein erfolgreiches Selbstmanagement abholen.

TIPP 1: Sei König über deine Zeit

Der Löwe ist König über seine Zeit. Und niemand sonst. Darin ist er völlig klar und dieses Privileg lässt er sich nicht nehmen. Mach es wie der Löwe: Du selbst entscheidest, ob du der Souverän über deine Zeit bist – oder ein Getriebener, der nie genug davon hat. Denn ob du genug Zeit im Leben hast, ob du zufrieden oder unzufrieden bist – das alles ist gar nicht so sehr eine Folge deiner äußeren Umstände, sondern deiner Einstellung. Fülle zieht Fülle an und Mangel zieht Mangel an. Das ist ein universelles Gesetz. Zeit ist ein sehr subjektives und manchmal auch paradoxes Phänomen: Im Grunde hat jeder genau gleich viel davon zur Verfügung, und zwar Tag für Tag. Doch während manche ganz viel davon übrig haben, klagen andere ständig darüber, zu wenig zu haben. Wenn du dir also mehr Zufriedenheit in deinem Leben wünschst, überprüfe zunächst, in welchen Bereichen dein innerer Schalter auf »Mangel« eingestellt ist, und lege ihn auf »Fülle« um. Ein kleiner Schritt mit großer Wirkung! Sobald du diesen Zusammenhang für dich erkannt hast, wirst du erstaunt sein, wie sich dein Leben zum Positiven verändern wird. Die Natur kennt nur das Konzept der Fülle. Daher würde sich auch ein Löwe nicht mit dem Gedanken belasten, dass er zu wenig Zeit haben könnte. Er nimmt sie sich einfach und diskutiert nicht darüber. Die Natur sorgt für alle und für alle ist genug da: Zeit, Nahrung und Lebensraum. Du selbst bist der König über deine Zeit und deine Zufriedenheit mit dem, was du hast – und nicht dein Umfeld!

TIPP 2: Arbeite nur mit Profis zusammen – Amateure kosten nur Zeit und Geld!

Der Löwe beschäftigt ein ganzes Rudel erfolgreicher Profis. Ich gehe davon aus, dass du dich für die Aufgabe als Leader entschieden hast, weil du Anführer sein willst (und nicht Verkäufer oder Sachbearbeiter oder Spezialist …). Als Anführer besteht eine deiner wichtigsten Aufgabe darin, dafür zu sorgen, dass andere ihre Leistung optimal erbringen können. Das funktioniert nur, wenn du deinen Schreibtisch möglichst frei von Routine-, Detail- und Fachaufgaben hältst! Die Kunst des Delegierens besteht darin, Profis mit den Aufgaben, die sie am besten können, zu betrauen. Und höchstwahrscheinlich gibt es in deinem Team jede Menge Profis, die bestimmte Aufgaben nicht nur gerne übernehmen, sondern diese auch etwas besser, schneller oder günstiger erledigen können als du selbst!

Die Teamrollen (Prinzip 6) geben dir gute Hinweise, auf welche Stärken du zurückgreifen kannst. Wenn du deine Mitarbeiter noch nicht so gut kennst – vielleicht, weil sie neu sind –, solltest du im

Rahmen eines Mitarbeitergesprächs erfragen, was sie besonders gerne tun und welche Aufgaben sie motivieren. Delegieren ist eine gute Gelegenheit, deine Mitarbeiter persönlich und fachlich weiterzuentwickeln! Vielleicht kann es sinnvoll sein, externe Spezialisten ins Boot holen, sofern kein Profi für eine bestimmte Aufgabe im Team vorhanden ist. Natürlich darfst du nicht vergessen, gleichzeitig für motivierende und wertschätzende Rahmenbedingungen zu sorgen. Dein Team wird es dir danken und sein Bestes geben – was du im Gegenzug auch einfordern darfst!

TIPP 3: Sei präsent, wenn du gebraucht wirst

Auch wenn man den Löwen als Vielschläfer bezeichnet, ist er immer sofort hellwach, sobald irgendwo Gefahr in Verzug ist. Als Führungskraft musst du in der Regel zwar nicht dein Rudel verteidigen, allerdings solltest du immer wissen, wann du wach sein und eingreifen musst. Der Löwe lässt zwar seine Löwinnen jagen, unterstützt diese aber jederzeit, wenn seine körperlichen Fähigkeiten von Vorteil sind. Wenn in deinem Umfeld größere Probleme auftauchen, die nur du aufgrund deiner Position oder deiner Expertise lösen kannst, dann muss sich dein Team auf dich verlassen können.

Selbstmanagement ist Klarheit: Woran du glaubst, wer du bist und was dir wichtig ist

Der Löwe braucht kein Seminar für ein besseres Selbstmanagement. Tiere verspüren kein schlechtes Gewissen dabei, wenn sie ihre Kräfte schonen und sich ausruhen. Wir tun uns damit wesentlich schwerer. Doch woher kommt eigentlich dieser hohe Stellenwert, den wir dem ständigen *Mit-etwas-beschäftigt-Sein* beimessen? Woher stammt unsere rationale, durchorganisierte Form der Unternehmensführung, die den inneren Prozessen so wenig Raum einräumt? Handelt es sich um eine Eigenschaft, die uns die Natur in die Wiege gelegt hat? Eher nicht. Unsere Vorfahren in traditionellen

Unternehmensformen arbeiteten viel weniger und sie hatten auch in der Regel nicht das Bedürfnis, ihren sicheren, wenn auch bescheidenen Gewinn zu steigern. Unser modernes Arbeitsethos hat kulturelle Wurzeln. Möglicherweise ist es aus einer Furcht heraus entstanden. Davon geht zumindest der Soziologe Max Weber in seinem Klassiker *Die protestantische Ethik und der Geist des Kapitalismus*[14] aus. Die Wurzeln unserer kapitalistischen Weltordnung sieht er im Westen, und zwar im aufkommenden Protestantismus des 16. Jahrhunderts. In diesem Zeitraum veränderte sich das Denken vom Mythos zum Logos. Unter dem Einfluss Luthers und Calvins wurde unsere menschliche Bestimmung komplett neu definiert. Konnte bis dato jedermann »in jedem Stande selig« werden, so wandelte sich nun der Beruf zur Berufung, also einer von Gott gestellten Aufgabe. Um diesem zu gefallen, wurde es für die Protestanten zur Pflicht, die Arbeit mit Fleiß auszuführen. Fortan war nicht mehr die kontemplative Askese der Mönche, sondern die tägliche Berufsarbeit der einzige Weg, um den menschlichen Versuchungen zu begegnen: keine Zeit verschwenden, nicht zu viel schlafen, kein sinnloses Zeug daherreden …

Die neue Tugend führte zu einer kontrollierten Lebensführung, die Unternehmer wie Arbeiter gleichermaßen prägte. Nachdem der religiöse Aspekt in den Hintergrund getreten war, entwickelte sich daraus eine durch Leistung geprägte Berufsethik – die Voraussetzung unserer durchrationalisierten, auf Effizienz, Produktivität und Gewinnmaximierung ausgerichteten Unternehmen. Der Beruf wurde zum Selbstzweck.

Die Theorie lässt vermuten, dass unsere scheinbar so rationale, moderne Welt tatsächlich aus einer irrationalen Sorge heraus entstanden sein könnte. Obwohl der ursprüngliche Auslöser – die Angst vor Verdammnis – heute wohl kaum noch jemanden um den Schlaf bringen würde. Eine Antwort auf diese essenzielle Frage haben wir dennoch nicht gefunden. Und da wir die schwindende religiöse Bedeutung und den damit einhergehenden Sinn nicht durch einen neuen Glauben ersetzt haben, ist ein anderer Motivator an dessen Stelle getreten: das Glücksversprechen des Konsums, welches viele Menschen im Hamsterrad strampeln lässt. Die Folgen auf unser Arbeits-, Freizeit-, Einkaufs- und Wirtschaftsverhalten können wir täglich beobachten. Selbstmanagement hat daher eine ganze Menge damit zu tun, wer du bist, was dir im Leben wirklich wichtig ist, was dich glücklich macht, woran du glaubst – und woran nicht.

Bis heute sind erstaunlich viele dieser kulturell gewachsenen Überzeugungen tief in unseren Denk- und Verhaltensmustern abgespeichert. Vielleicht kennst du ja auch die folgenden Sprichwörter und Redensarten oder bist mit ihnen aufgewachsen?

- *Was du heute kannst besorgen, das verschiebe nicht auf morgen.*
- *Müßiggang ist aller Laster Anfang.*
- *Sich regen bringt Segen.*
- *Der frühe Vogel fängt den Wurm.*
- *Und so weiter.*

Diese alten Muster lösen auch heute noch bei vielen Menschen ein schlechtes Gewissen aus, sobald sie einmal vermeintlich nicht produktiv sind. Hinzu kommen das Bestreben, immer mehr erreichen zu müssen, und die zunehmende Komplexität der Anforderungen – mit der Konsequenz, dass sich viele Menschen im Berufsalltag gestresst und überfordert fühlen.

Dabei sind es gerade die inneren, leisen, nicht auf den ersten Blick wahrnehmbaren Prozesse, die uns im Leben wirklich voranbringen. Kreativität, Intuition und Innovation benötigen vor allem Zeiten der Stille und der Reflexion, um reifen zu können. Alle Weisheitstraditionen des Ostens und des Westens kennen daher Praktiken der Meditation und der Kontemplation. Im privaten Alltag praktizieren bereits viele Menschen Übungen wie Meditation oder Yoga, um zu innerer Ruhe und Gelassenheit zu kommen. Im beruflichen Umfeld steckt diese Entwicklung allerdings noch in den Kinderschuhen. Zwar bieten mittlerweile viele Unternehmen im Rahmen eines betrieblichen Gesundheitsmanagements eine mehr oder weniger breite Palette gesundheitsfördernder Angebote an. Ein echter Paradigmenwechsel hin zur bewussten Selbstreflexion und Entwicklung innerer Stärke ist hier allerdings noch nicht erfolgt. Vor allem in den Führungsetagen herrscht das Primat der Ratio – wenn durch Leistungssteigerung keine Effizienz mehr erreicht werden kann, dann eben durch Optimierung der (äußeren) Prozesse. Unser größtes Potenzial jedoch – die bewusste Steuerung der inneren Prozesse – wird noch nicht ansatzweise genutzt!

Wenn du dich aus der Abwärtsspirale von Zeitnot, Stress, psychischer Überlastung und Burn-out befreien oder gar nicht erst hineingeraten willst, brauchst du vor allem den Blick ins Innere – auf deine Werte, Prioritäten, Glaubenssätze und »Schattenaspekte«, also deine unbewussten Themen. Wenn du zur eigenen Entlastung delegieren möchtest, musst du zunächst wissen, warum das »Loslassen« eigentlich so schwerfällt. Aufgaben zu priorisieren bedeutet immer auch, eine Wahl zu treffen. Wenn du deine blockierenden Glaubensmuster hierzu nicht kennst, kommst du auch nicht damit weiter, deine Aufgaben nach *Dringlichkeit* und *Wichtigkeit* zu ordnen. Wenn du permanent zu viel arbeitest und deine eigenen Grenzen übersteigst, solltest du dich in erster Linie damit beschäftigen, welche Ersatzfunktion die Arbeit in deinem Leben ausfüllt und welche Bereiche womöglich brachliegen. Wenn du ein Scheitern als größtmögliche persönliche Krise ansiehst, darfst du die Frage nach dem eigenen Selbstwertgefühl nicht außer Acht lassen.

Das sind alles reichlich unbequeme Fragen, die den Fokus sehr stark nach innen richten, auf die Ängste und Glaubensmuster in unserem Unterbewusstsein – also auf unser Selbstkonzept, das Ego. Dieses Selbstkonzept bildet sich aus der Gesamtheit unserer Lebenserfahrungen, von der Zeugung bis heute. Während der ersten Lebensjahre nehmen wir ungeprüft alle Aussagen und Urteile über uns in unserem Unterbewusstsein auf. Daraus entsteht letztendlich unser Werte- und Glaubenssystem.

Das Ego suggeriert uns vielleicht, dass wir unvollkommen, nicht liebenswert, ein Versager sind et cetera. Dieses Bild von uns selbst ist nur eine subjektive Wirklichkeit, doch wir projizieren sie in die äußere Welt. Schattenaspekte sind eigene Persönlichkeitsanteile, die wir verdrängen oder verleugnen. Auch diese werden uns ständig durch äußere Ereignisse gespiegelt. Wenn du gegenüber einer Person eine heftige Abneigung empfindest oder diese stark bewertest, dann spiegelt dir diese Person deinen eigenen »Schatten«, den du nicht in dir selbst anschauen magst, dafür aber massiv im Außen bekämpfst. Du bist dann nicht mehr in der Lage, präsent zu bleiben und angemessen zu reagieren.

Was wir für real halten, ist in Wahrheit nur die Welt, wie wir sie durch die eigene Egobrille betrachten. Man könnte auch sagen: Wir sind nicht in der Welt, die Welt ist in uns. Und da wir oftmals stur an unserem eigenen Selbstkonzept festhalten, gibt es Konflikte, Streit, Schmerz und Kampf – diese Muster beschreibe ich ausführlich bei Prinzip 7. Sogar Krankheiten sind letzten Endes ein Produkt dieses Selbstbildes, da durch das Beharren auf der eigenen subjektiven Wahrheit gesundheitsschädliche Verhaltens- und Reaktionsmuster entstehen, die Stress auslösen. Negativer Dauerstress führt über kurz oder lang zu gesundheitlichen Problemen. In diesem Zusammenhang sei noch erwähnt, dass auch die Krankheiten unseres Planeten letztendlich das Resultat gesundheitsschädlicher Verhaltensmuster und somit ebenfalls Auswüchse unseres Egos sind!

Entschleunigung ist eine Haltung

Die Natur macht es uns vor: Es ist nicht die **eine** Methode, sondern die Vielfalt, die zum Ziel führt! Auch wir Menschen sind höchst unterschiedlich, was unser verträgliches Arbeitspensum und unseren Bedarf an Regeneration betrifft. Grundsätzlich soll jeder Mensch nur so viel arbeiten, wie es ihm bekommt. Es gibt daher keine allgemeine Regel für **den** Erfolg. Nicht nur deine Position, sondern auch deine Persönlichkeit, deine Werte und deine Prioritäten entscheiden darüber, wie dein idealer Tag aussieht. Der Löwe liefert dir wertvolle Impulse, wenn du deinen Alltag entschleunigen und ein entspannter Chef sein möchtest.

Es gibt Menschen, die sind stets berechenbar, gelassen, entspannt, großzügig und gut. Andere bringen ihre schlechte Laune mit zur Arbeit. Was die einen von den anderen entscheidet, ist die innere Haltung. Und die lässt sich – ein gewisses Maß an Selbstreflexion vorausgesetzt – verändern. Mit erstaunlichen Folgen: Je entspannter du selbst bist, umso mehr entspannte Menschen und umso weniger Konflikte wirst du in deinem Umfeld haben. Ein entspannter Chef zu sein bedeutet allerdings nicht, dass keine Spannung mehr besteht – manchmal bedarf es klarer Worte, aber auch klare Worte können wertschätzend ausgesprochen werden. Ein Lächeln ist ungemein hilfreich, sowohl beim Fördern als auch beim Fordern! Denn wie es in den Wald hineinruft, so schallt es auch bekanntlich hinaus … So funktioniert das Gesetz der Anziehung.

Entspannt zu sein bedeutet nicht, von jedem geliebt zu werden (Achtung, Glaubenssatz!). Das ist nicht deine Aufgabe. Wenn du als Leader dein Handeln danach ausrichtest, keine Sympathien zu verlieren, bist du nicht wirklich frei in deinen Entscheidungen. Ganz im Gegenteil – du verhinderst, dass welche getroffen werden! Und manchmal förderst du einen Mitarbeiter mehr, wenn du ihm aufgrund klarer Worte die Chance zur Entwicklung gibst. Ob dieser sie nutzt, ist seine Sache!

Manche Führungskräfte haben den Anspruch, ihre Mitarbeiter zu glücklichen Menschen zu machen. Dadurch übernehmen sie eine Verantwortung, die ihnen nicht zusteht. Wenn es dir nach einem Mitarbeitergespräch schlechter, deinem Mitarbeiter jedoch besser geht, dann läuft etwas schief. Respektiere dich selbst und setze Grenzen! Du kannst andere nur wertschätzend behandeln, wenn du mit dir selbst, deiner Zeit und deiner Energie wertschätzend umgehst.

Glückliche Menschen bleiben glücklich, unglückliche bleiben unglücklich – egal, was passiert. Mit Glück und Unglück verhält es sich wie mit der Zeit und der Fülle: Sie entstehen nicht im Außen, sondern in uns selbst. Wenn du den Anspruch hast, deine Mitarbeiter jederzeit glücklich zu machen, kannst du nur scheitern. Entspanntes Führen bedeutet, dem anderen sein Unglück und sein Drama zu lassen, wenn er denn unbedingt daran festhalten möchte. Wenn deine Mitarbeiter trotz motivierender Rahmenbedingungen und echter Wertschätzung deinerseits keine Verantwortung für ihre Zufriedenheit übernehmen wollen, dann ist es nicht dein Problem!

Ein Unternehmen ist keine Familie, es lebt primär von der Struktur und soll daraus Wertschöpfung generieren, nicht jedoch den Einzelnen mit all seinen individuellen Wünschen glücklich machen. Struktur geht hier vor Psyche! Der Glücksanspruch eines Einzelnen darf nicht so weit gehen, dass er das Team oder sogar die gesamte Organisation beeinträchtigt. Für dich als Leader bedeutet das, dass du auch mal unpopuläre Personalentscheidungen treffen musst. Diese solltest du dann auch klar kommunizieren. Auch das ist Selbstmanagement.

Tipps für ein effizientes Selbstmanagement

Wenn du zu wenig delegierst und dich stattdessen im Tagesgeschäft verzettelst, fehlt dir womöglich die Energie für deine eigentlichen Aufgaben. Effizientes Selbstmanagement ist das Erfolgsgeheimnis des Löwen – doch du bist nicht in Afrika, sondern in deinem Büro. Wie gelingt das, wenn der E-Mail-Eingang überquillt, deine Mitarbeiter mit ihren Fragen häufig vorbeikommen, ein wichtiger Kunde sich beschwert und dann auch noch dein Chef ganz dringende

Dinge besprechen will? Am Ende des Tages hast du dann zwar viele Dinge getan, aber die Aufgaben, die du dringend erledigen wolltest, liegen noch immer unerledigt auf deinem Schreibtisch. Damit das nicht passiert, habe ich hier einige Praxistipps zum effizienten Selbstmanagement für dich zusammengestellt:

Finde deine wichtigsten Aufgaben heraus

Welche Tätigkeiten sind hochrelevant für deinen Erfolg? Diese Frage klingt einfacher, als sie tatsächlich ist. Und sie ist ungemein wichtig. Denn wenn du deine Prio 1-Aufgaben nicht kennst, ist das Risiko groß, dass du dich auf irgendwelchen Nebenschauplätzen verlierst. Der Löwe weißt instinktiv: Erholung ist wichtig, Revier verteidigen ebenso, und gelegentlich sollte man auch einmal nach dem Rechten schauen. Alles andere delegiert er. Da du im modernen Arbeitsalltag in der Regel nicht auf diesen natürlichen Instinkt zurückgreifen kannst, helfen diese Fragen vielleicht weiter:

- Wofür wirst du bezahlt?
- Was steht in deiner Stellenbeschreibung?
- Was erwartet dein Chef von dir?
- Wofür erhältst du Lob und Anerkennung – oder aber Kritik, wenn es nicht funktioniert?
- Welche Aufgaben entsprechen deinen Werten?
- Welche Aufgaben haben den höchsten Hebel für den Erfolg deiner Abteilung oder deines Teams?

Um daraus Prioritäten abzuleiten, solltest du deine wichtigsten Aufgaben notieren.

Setze Prioritäten

An jedem Tag steht dir genügend Zeit für all das, was dir wichtig ist, zur Verfügung. Zeitprobleme sind daher in erster Linie keine Zeit-, sondern Prioritätenprobleme. Welche Prioritäten du setzt – privat wie beruflich – hängt auch von deinen Werten ab, die du in deinem Canvas-Feld 3 notiert hast. Wenn du darunter leidest, zu wenig Zeit für deine Familie zu haben, dann solltest du deine Prioritäten kritisch und vor allem ehrlich unter die Lupe nehmen. Deine wichtigsten Aufgaben sind deine A-Aufgaben – sie haben die höchste Priorität. Damit diese im Alltag nicht immer wieder von den weniger relevanten B- und C-Aufgaben verdrängt werden, geht es im nächsten Schritt darum, dir echte Freiräume dafür zu schaffen. Andere Aufgaben solltest du – je nach Wichtigkeit und Dringlichkeit – entweder hintanstellen, delegieren, durch konsequentes Neinsagen zurückweisen oder gleich in den Papierkorb schieben.

Das klingt einfach, ist aber ein Prozess, der etwas Zeit und Übung braucht. Auch mir ist es in der Vergangenheit schwergefallen, Verantwortung zu delegieren und zu akzeptieren, dass nicht nur meine Lösung Bestand hat. Insbesondere *Nein* sagen zu können, ist für viele Menschen eine große Herausforderung. Hier kommen alte Muster ins Spiel, die ein Löwe sicher nicht hat: die Sorge, sich womöglich Sympathien zu verscherzen, wenn man klar für die eigenen Bedürfnisse einsteht. Als Leader solltest du diese alten Muster stets hinterfragen und durch neue, positive ersetzen. Das geht nicht per Knopfdruck, aber bleibe dran! Auch einen Muskel musst du trainieren, wenn du deine Fitness verbessern willst.

Achte auf ausreichende Pufferzeiten

Viele Führungskräfte machen den Fehler, ihren Tag ohne Pufferzeiten zu planen. Eine Planung ohne Puffer ist jedoch Selbstbetrug! Der Einzige, der unter diesem Betrug leidet, bist du selbst. Denn deine Planung ist immer nur so gut, wie sie Raum für Unvorhergesehenes lässt. Und davon gibt es eine ganze Menge, Tag für Tag. Der Anteil der Pufferzeiten hängt von deinen Aufgaben ab. Eine gute Faustregel ist die 60:40-Regel. Das bedeutet:

60 Prozent deiner Arbeitszeit kannst du für eigene Aufgaben und Vorhaben verplanen.

40 Prozent sind dein Puffer – davon entfallen circa 30 Prozent auf Störungen und Unerwartetes und circa 10 Prozent auf Gespräche und Kurzpausen zwischendurch.

Ein Puffer von 40 Prozent mag zwar nach viel klingen, ist aber durchaus realistisch. Denn die meisten Menschen – allen voran Führungskräfte – nehmen sich für einen Tag viel zu viel vor! Das führt dazu, dass der Frust umso größer ist, wenn die guten Vorsätze dann doch wieder nicht geklappt haben.

Gönne dir täglich eine stille Stunde

Du kommst einfach nicht dazu, die wirklich – wirklich – wirklich wichtigen Aufgaben anzupacken, weil dein Telefon ständig klingelt, deine Mitarbeiter etwas von dir wollen und dein Mail-Eingang ohnehin überläuft? Ständige Störungen sind nicht nur unproduktiv, sondern auch ausgesprochen ungesund für deinen Organismus. Denn du musst, sofern du mitten in einer Aufgabe steckst, immer wieder von vorne beginnen. Das ist in etwa so, also ob du den Motor deines Autos immer wieder abwürgen und neu starten würdest – keine sehr energieschonende Methode!

Gewöhne dir daher an, täglich eine **stille Stunde** einzuplanen und diese konsequent in deinen Kalender einzutragen. Am besten zu der Zeit, in der du gewöhnlich die wenigsten Störungen hast – achte dabei auf deinen Biorhythmus! Manche nutzen dafür sehr gerne die frühen Morgen-, andere die Abendstunden. Die Mittagspause ist meist keine gute Zeit für eine stille Stunde. Damit deine Stunde auch wirklich still ist, kommuniziere dein Vorhaben klar und sorge dafür, dass du nicht gestört wirst. Und bleibe dran. Der Erfolg stellt sich nicht am ersten Tag ein!

Entscheide

Selbstmanagement heißt Entscheiden. Was ist wichtig, was erledige ich sofort, wozu sage ich nein? Auch die Wahl, etwas nicht zu tun, ist eine Entscheidung. Wenn du bewusst über dich und deine Zeit entscheidest, gestaltest du. Entscheidest du nicht, wirst du sehr schnell zum Getriebenen.

Achte auf deinen Biorhythmus

Löwen jagen überwiegend nachts, wenn es kühler ist, und schlafen dafür tagsüber. In der Natur hat jede Art ihren eigenen Rhythmus. Daher spricht man ja auch bei uns von »Lerchen« und »Eulen«. Während die einen schon frühmorgens zur Hochform auflaufen, werden die anderen erst am späten Nachmittag oder sogar am Abend richtig munter. So sind sämtliche Sinnesorgane einer Eule auf die Jagd in der Nacht ausgerichtet. Würde sie am Tag jagen, wäre sie wohl nicht sonderlich erfolgreich. Dein Biorhythmus ist ein natürlicher Teil deines Wesens und daher solltest du deinen Alltag daran anpassen – und nicht umgekehrt. In der Regel findet die Kernarbeitszeit in Organisationen innerhalb einer bestimmten Zeitspanne statt, aber Homeoffice und flexible Gleitzeitregelungen bieten meist eine gewisse Flexibilität. Wichtige Termine und Projekte solltest du dann in Angriff nehmen, wenn du besonders leistungsfähig bist. In der Zeitspanne zwischen 12:00 und 14:00 Uhr lässt bei nahezu allen Menschen die Konzentration spürbar nach – aus gutem Grund, der Körper verlangt dann eine Pause. Die Mittagspause durchzuarbeiten ist daher keine gute Idee!

Plane schriftlich

Du nimmst dir vor, ab morgen effizienter zu arbeiten? Perfekt! Sofern du diesen Vorsatz jedoch nicht schriftlich – und zwar in deinem Kalender – umsetzt, wird er nicht lange anhalten. Du möchtest mehr Zeit für eine bestimmte Aufgabe oder für dich selbst? Dann vereinbare einen Termin mit dir selbst. Denn nur das, was in deinem Kalender steht, kann auch stattfinden. Schätze die Länge deiner wichtigsten Aufgaben und plane bereits am Vortag – auch wenn du am nächsten Tag feststellen solltest, dass dein Plan nicht funktioniert, weil sich schon wieder so viele dringende Dinge in den Vordergrund geschoben haben. Reflektiere deine Erfahrungen, optimiere deine Prozesse – und plane weiter.

Schaffe Ordnung in deinem Umfeld

Wie außen, so innen. Das trifft auch auf deinen Schreibtisch und deinen Computer zu. Natürlich gibt es hier individuelle Unterschiede. Doch auch wenn du zu den sogenannten Genies gehörst, die das Chaos beherrschen – zu viel Zeug, welches du eigentlich nicht mehr brauchst, zieht dir deine Energie ab, weil es immer wieder in deinem Blickfeld auftaucht. Ordnung schaffen heißt entscheiden: Was ist wirklich wichtig, was hebe ich nur auf, weil ich es irgendwann einmal brauchen könnte? Wenn du selbst nicht zu den diszipliniertesten Menschen gehörst, dann gibt es garantiert einen Mitarbeiter in deinem Team, der absoluter Profi im Ordnunghalten ist. Es genügt, diesen zu fragen, wenn du Arbeitsanweisung Nr. 2185 suchst und diese gerade nicht finden kannst.

So klappt es mit dem Delegieren

- Vermeide es, halbherzig zu delegieren – das schafft nur Frust und Unsicherheiten auf beiden Seiten. Wenn du Aufgaben an deine Mitarbeiter überträgst, denke immer daran, dass zur Handlungsfreiheit immer auch die Entscheidungsfreiheit gehört: die Freiheit, Entscheidungen selbst und in eigener Verantwortung treffen zu können. Delegiere daher nicht nur die Aufgabe und deren Erledigung, sondern die volle Verantwortung – in seinem Bereich entscheidet der Mitarbeiter eigenständig. Das schafft Vertrauen. Und vor allem: Lass dann auch los und gestehe dem Mitarbeiter seine Fehler zu, die ihn in seiner persönlichen Entwicklung weiterbringen werden.

- Nimm deinen Mitarbeitern ihre Entscheidungen nicht ab – sei es, um ihnen das Leben leichter zu machen oder weil du denkst, dass du es besser kannst. Denn beide Gründe führen zum selben Ergebnis: Die Arbeit bleibt an dir hängen. Du tust Dinge, die du nicht tun solltest. Und du entmündigst deine Mitarbeiter. Das führt dazu, dass diese sich womöglich langweilen, ihre Fähigkeiten nicht ausbauen und dadurch das Interesse an ihrer Aufgabe und die Identifikation mit dem Unternehmen verlieren.

- Vermeide es, Aufgaben an einen Mitarbeiter zu delegieren, dem diese Tätigkeit überhaupt nicht entspricht. Du kennst das ja auch – es gibt gewisse Aufgaben, die einfach »Energiefresser« für dich sind, einem anderen jedoch vielleicht sogar gefallen würden. Menschen sind sehr unterschiedlich hinsichtlich ihrer Fähigkeiten und Präferenzen.

Möchte keiner deiner Mitarbeiter eine bestimmte Aufgabe übernehmen, lass das Team eine Lösung finden, indem du klarmachst, warum du diese Aufgabe delegieren musst.

- Als Leader ist es nicht deine Aufgabe, stets und für alles eine Lösung parat zu haben (Achtung, Glaubenssatz!). Viele Lösungen sind im Team bereits vorhanden, es genügt meist, dem Prozess der Lösungsfindung Raum zu geben und den Mitarbeitern zu vertrauen. Wenn du von Routineaufgaben entlastet wirst, profitieren schließlich auch deine Mitarbeiter davon, sofern du einen Teil der gewonnenen Zeit für Mitarbeitergespräche oder für die Rolle als Coach oder Moderator nutzt!

- Wenn du einen externen Profi engagierst, entscheide dich für einen loyalen Dienstleister, der sich mit den strategischen Zielen des Unternehmens identifizieren kann. Entscheidend für den Erfolg ist ein gutes Briefing! Sage klar, was du möchtest, und überlasse nichts dem Zufall – idealerweise übernimmst du das Briefing selbst.

Wie du Delegationsgespräche führst, die wirklich motivieren

Ein Delegationsgespräch ist vor allem dann motivierend, wenn du es nicht als Pflichtübung betrachtest, sondern als eine Möglichkeit, deine Mitarbeiter weiterzuqualifizieren. Damit das auch so wahrgenommen wird, solltest du natürlich darauf achten, dass dein Mitarbeiter nicht das Gefühl hat, dass du eine Aufgabe loswerden willst, sondern einen Sinn darin erkennt, der motiviert.

Folgende Punkte solltest du dabei klären:

- Um welche Aufgabe geht es konkret?
- Entspricht sie den Stärken deines Mitarbeiters?
- Welchem Ziel dient die Erfüllung dieser Aufgabe? Warum ist sie wichtig?
- Werden deinem Mitarbeiter – zusammen mit der Ergebnisverantwortung – auch die erforderlichen Entscheidungskompetenzen übertragen?
- Stimmen die Rahmenbedingungen? Gibt es Hindernisse, die der Erfüllung entgegenstehen? Wie können diese ausgeräumt werden?

Anhand der Fragen erkennst du vielleicht, dass das Delegieren einiger Vorbereitung bedarf – insbesondere wenn es darum geht, inwieweit ein Mitarbeiter Entscheidungen eigenverantwortlich treffen kann. Je mehr Zeit, Wertschätzung und Aufmerksamkeit du hier investierst, umso erfolgreicher und effizienter kannst du deine Aufgabe als Natural Leader ausfüllen. In einem Löwenrudel wäre auch keinem geholfen, wenn der Löwe vor lauter Stress zusammenbrechen würde.

Dein Natural Leadership Canvas: Feld 4

Nun kannst du das vierte Feld deines Natural Leadership Canvas mit Leben füllen. Folgende Reflexionsfragen helfen dir dabei:

Wie verhalte ich mich als entspannte Führungskraft …

- mir selbst gegenüber?
- meinen Mitarbeitern gegenüber?

____

____

Wie plane ich meinen Tag, worauf achte ich künftig ganz besonders?

____

____

Wie stelle ich in meinem Arbeitsumfeld Ordnung her und wie behalte ich diese Ordnung bei?

____

____

Was möchte ich delegieren und wie gehe ich dabei vor?

____

____

Wer in meinem Umfeld performt wie ein Profi? Wer wird diesem Anspruch nicht gerecht? Wie kann ich meine Mitarbeiter künftig so einsetzen und entwickeln, dass sie wie Profis agieren können?

____

____

Bei welchen Personal- oder Organisationsentscheidungen habe ich den Leitsatz »Struktur geht vor Psyche« nicht beachtet? Was waren die Folgen?

____

____

Welche alten Muster und Glaubenssätze hindern mich heute noch daran, etwas zu verändern? (*Z.B. nicht Nein sagen können, alles unter Kontrolle haben müssen, stets perfekt sein zu müssen, von allen gemocht werden zu wollen*)

____

____

Durch welche Haltungssätze möchte ich diese nach und nach ersetzen? (*Ich bin wichtig, meine Zeit ist wichtig, ich achte meine Grenzen, ich respektiere mich selbst, ich darf vertrauen, ich bin vor allem liebenswert, wenn ich einmal nicht perfekt bin etc.*)

Angenommen, ich bin bereits ein Jahr weiter und habe alle meine Vorsätze konsequent umgesetzt: Wie sieht mein typischer Arbeitstag in einem Jahr aus? Was ist anders, beruflich wie privat?

Übertrage nun wieder die Zusammenfassung deiner Antworten auf das Blatt mit dem Löwen (siehe QR-Code). Wenn dir noch weitere Gedanken dazu durch den Kopf gehen, schreibe sie ebenfalls dazu.

Prinzip 5: Der Hai – Intuition, Entscheidungen und Resilienz

»Ein gutes Bauchgefühl siegt immer gegen den nüchternen Verstand.«

HELMUT GLASSL

Wenn du aus heutiger Sicht auf die wirklich wichtigen – und richtigen – Entscheidungen deines Lebens zurückschaust: Wie hast du diese getroffen? War es dein Verstand, der hier entschieden hat – oder war es etwas anderes? Vermutlich waren die besten Entscheidungen deines Lebens nicht das Resultat einer rationalen Analyse, sondern die Folge einer inneren Klarheit. Du konntest dir vielleicht gar nicht erklären, woher diese Klarheit kam. Es war vielmehr eine innere Stimme, die sich da gemeldet hat und der du vertraut hast. Und plötzlich wusstest du, was du tun sollst. Einfach so, ohne Zweifel und ohne tagelanges Grübeln. Das kommt dir bekannt vor? Glückwunsch – wenn du von Zeit zu Zeit den Mut hast, bei deinen Entscheidungen klar auf deine innere Stimme zu hören, dann nutzt du damit eine Erfolgsstrategie der Natur!

Wie die Natur Entscheidungen trifft

In der Natur werden ständig Entscheidungen getroffen. Jedes Tier und sogar jede Pflanze trifft sie. Viele dieser *natürlichen* Entscheidungen zeichnen sich dadurch aus, dass sie häufig Antworten auf komplexe Fragen liefern müssen: Wie finde ich den passenden Fortpflanzungspartner, wie viele Nachkommen soll ich in die Welt setzen, zu welchem Zeitpunkt sollen wir wohin wandern, um zu überleben? Im Unterschied zu uns Menschen werden solche Entscheidungen nicht mit dem Verstand getroffen. Vielmehr hat sich der Entscheidungsprozess unter einer Vielzahl von Möglichkeiten aus der Evolution heraus entwickelt, mit dem Ziel, die in jeder Situation beste Entscheidung zu treffen. Die Entscheidungen der Natur entstehen meist instinktiv, denn die beteiligten Organismen wissen weder, *warum* sie etwas tun, noch kennen sie die Vorgeschichte, die zu dieser Entscheidung geführt hat. Ein weiterer Unterschied zu uns Menschen besteht darin, dass die besten Entscheidungen der Natur sich daran orientieren, was andere Organismen tun. Kein Lebewesen außer uns Menschen trifft seine Entscheidung unabhängig davon, was woanders sonst noch passiert! Entscheidungen der Natur sind immer eingebunden in das große Ganze und in die Komplexität der Wechselwirkungen.

Spüren und entscheiden wie ein Hai

Eines der Tiere, welches für mich als Vorbild für modernes Leadership steht, ist der Hai. Zugegeben, dieser Meeresbewohner mag auf den ersten Blick polarisieren. Als Symboltier des materialistischen Gewinnertyps kommt er in manchen Typisierungen des menschlichen Verhaltens nicht unbedingt gut weg – man denke nur an den Kredithai oder den Miethai! Damit tun wir ihm aber unrecht. Denn der Hai ist tatsächlich ein grandioser, perfekt mit dem Gesamtsystem des Ozeans kommunizierender Meeresbewohner – und dadurch der beste Businesscoach, den man sich vorstellen kann. Haie sind evolutionär betrachtet eine unglaublich erfolgreiche und nachhaltige Spezies. Bereits vor 450 Millionen Jahren durchquerten sie die Ozeane – also bereits, bevor es Dinosaurier gab! Und sie sind immer noch da, obwohl die Dinosaurier schon lange verschwunden sind. Der Hai besitzt also anscheinend Qualitäten, die es ihm ermöglichen, sich immer wieder erfolgreich anzupassen.

Eine davon sind seine scharfen Sinne: In Jahrmillionen haben sich diese zu regelrechten Hochleistungssensoren entwickelt. Der Hai kann nämlich nicht nur ausgezeichnet sehen, hören, riechen, schmecken und tasten, er kann selbst allerkleinste Strömungen, Temperatur- und Druckunterschiede fühlen. Doch damit nicht genug: Der Hai verfügt sogar über einen weiteren, siebten Sinn. Dieser ist in der Tat einmalig, denn er kommt nur bei Haien und Rochen vor und dient dazu, die elektrischen Felder von Beutetieren zu orten. Dafür besitzt der Hai spezielle Elektrosensoren, die sogenannten *Lorenzinischen Ampullen*, die vor allem an Kopf und Schnauze zu finden sind. Durch Herzschlag, Muskelbewegung oder Gehirnaktivität erzeugt jedes Lebewesen ein elektrisches Feld. Verstecken oder tarnen ist daher sinnlos, wenn sich ein Hai in der Nähe befindet, da kein Beutetier sein elektrisches Feld verbergen kann. In der Nahdistanz von wenigen Zentimetern kann ein Hai selbst die schwächsten elektrischen Impulse von Lebewesen aufspüren, die sich im Meeresboden verstecken.

Dank seiner ausgezeichneten Sinne nimmt der Hai also sämtliche Informationen aus seiner Umgebung gleichzeitig auf und trifft dadurch blitzschnell Entscheidungen. Würde er – so wie wir Menschen das üblicherweise tun – alle diese Daten zunächst kognitiv verarbeiten, um daraus die erfolgversprechendste Vorgehensweise zu ermitteln, wäre er schon längst ausgestorben.

COACHING-TIPPS VOM HAI

Der Hai taucht komplett in sein Element, den Ozean, ein. Für ihn gibt es keine andere Welt. Wenn du dir als Leader ein Hai-Mindset zulegen möchtest, dann solltest du dir über eines im Klaren sein: Halbe Sachen gehen im Leadership nicht. Um wirklich ins Spüren zu kommen, musst du zunächst alle Oberflächlichkeiten verlassen und dich in dein Element – dein Unternehmen, deine Marke, dein Team und vor allem deine eigenen Tiefen – begeben. Mit allen Konsequenzen!

Vom Hai kannst du lernen, in Sekundenschnelle intuitiv zu entscheiden und dabei innere Stärke zu entwickeln. Er steht für Entschlossenheit, Durchsetzungskraft und Mut zum Risiko – allesamt wichtige Kernkompetenzen eines Leaders!

TIPP 1: Vertraue deinem inneren Kompass

Um klare Entscheidungen zu treffen, besitzt der Hai ein angeborenes Verhaltensmuster: seinen Instinkt. Dieser ist so klar und eindeutig, dass der Meeresbewohner sicherlich keine Zweifel kennt oder eine einmal getroffene Entscheidung hinterfragen würde. Auch wenn du nicht über die genialen Hai-Instinkte verfügst, hat dir die Natur in ihrer Weisheit ebenfalls eine Art siebten Sinn mitgegeben. Damit kannst du Entscheidungen sehr klar und sicher treffen – und das ganz ohne den Kopf, nur durch Spüren. Vielleicht kennst du das Gefühl, etwas zu tun, einfach weil es sich »stimmig« anfühlt? Vertraue darauf, denn in diesem Moment hörst du auf deine Intuition! Eine intuitive Eingebung ist stets klar und bedarf keiner rationalen Erklärung.

Wir sind jedoch daran gewöhnt, etwas nur dann als wahr anzuerkennen, wenn wir es analysieren und mit Argumenten beweisen können. Diese Vorgehensweise ist uns zutiefst vertraut, hier fühlen wir uns sicher. Selbst wenn uns unser Navigationsgerät dreimal im Kreis fahren lässt, vertrauen wir ihm dennoch blind. Du kannst das Gerät aber auch einfach ausschalten und dein Gefühl fragen, welcher Weg der richtige ist: Was passiert hier gerade, fühlt sich das gut an, was nehme ich wahr?

Wenn du Dinge spüren kannst, triffst du langfristig die besseren Entscheidungen. Wenn du hingegen beim Entscheiden stets alles im Kopf abwägen und zu 100 Prozent Sicherheit haben möchtest, wirst du in turbulenten Zeiten wie gelähmt erscheinen. Entscheiden erfordert Mut – und das Eingeständnis, dass es völlig in Ordnung ist, dabei auch mal Fehler zu machen.

TIPP 2: Erhöhe deine Widerstandsfähigkeit

In der Tiefe des Ozeans sind Haie einem enormen Druck ausgesetzt. Einige Arten haben sich sogar an die extremen Bedingungen der Tiefsee angepasst. Dennoch schaffen sie es seit Millionen Jahren, offensichtlich ohne größeren Stress in diesem Umfeld zu überleben. Ein Hai ist von Natur aus widerstandsfähig, die Evolution hat ihn dazu gemacht. Deshalb muss er auch keine Resilienz mehr entwickeln. Er kennt keine Ängste oder Sorgen, er schwimmt, jagt und verlässt sich auf die Wahrnehmung seiner Sinne. Somit ist die nächste Mahlzeit nur eine Frage der Zeit, denn was soll schon passieren? Mit einem Hai-Mindset entwickelst du Widerstandsfähigkeit und lernst, die Dinge gelassener zu sehen. Was gestern war, ist vorbei, und was morgen passieren wird, kannst du noch nicht absehen. Nur was jetzt gerade passiert, ist von Bedeutung, denn nur die Gegenwart lässt sich ändern. Sobald du damit anfängst, dir selbst, deinen Fähigkeiten und dem Leben stärker zu vertrauen, wird nichts und niemand mehr dich unter Druck setzen können. Innere Stärke ist die beste Voraussetzung, um Krisen und Probleme zu meistern und daran sogar noch zu wachsen.

TIPP 3: Sei bereit, auch einmal Risiken einzugehen

Haie sind mutige und unerschrockene Jäger. Um Nahrung zu finden und zu überleben, müssen sie Entschlossenheit zeigen und dürfen nicht vorschnell aufgeben. Der Hai nimmt gewisse Risiken in Kauf, um Nahrung zu bekommen, aber er tut dies auf eine Weise, die seine Überlebenschancen maximiert. Auch als Leader musst du von Zeit zu Zeit kontrollierte Risiken eingehen, um Innovationen und Wachstum in deiner Organisation zu fördern. Dazu gehört auch der Mut, neue Wege zu gehen und auch einmal unkonventionelle Ansätze auszuprobieren. Du spürst bereits, wie die Zukunft sein könnte, auch wenn du sie noch nicht sehen kannst? Erfolgreiche Visionäre entwickeln ihre Visionen nicht rational, sie fühlen sie und setzen dieses Bild dann um, auch wenn sie keinen Beweis für die »Richtigkeit« haben.

Ganzheitlich entscheiden – unsere beiden »Betriebssysteme«

Die wirklich guten, stimmigen Entscheidungen verdanken wir meist unserer Intuition. Allerdings haben wir in unserer rationalen Welt verlernt, diese Fähigkeit zu nutzen und ihr zu vertrauen. Die innere Stimme wird häufig auch als Bauchgefühl bezeichnet. Ein etwas missverständlicher Begriff, denn manchmal treffen wir Entscheidungen spontan und *aus dem Bauch heraus*, wenn wir emotional aufgewühlt sind, uns geärgert haben oder etwas unbedingt haben oder erreichen wollen. Solche impulsiven Entscheidungen sind kein guter Ratgeber, denn wenn wir aus einer Emotion heraus reagieren, ist unsere Perspektive eingeschränkt und wir sind weder klar noch präsent. Allerdings hat die Bezeichnung Bauchgefühl durchaus ihre Berechtigung, denn evolutionär betrachtet sitzt im Bauch, genauer gesagt im Darm, unser zweites (und deutlich älteres) Gehirn. Dieses Bauch-Gehirn ist so etwas wie eine Kopie unseres Gehirns im Kopf, es besteht aus denselben Zelltypen und nutzt dieselben Botenstoffe. Man weiß heute, dass das Bauch-Gehirn intensiv mit dem Kopf-Gehirn kommuniziert und daher sehr großen Einfluss auf unseren Körper und unsere Psyche ausübt. Unsere Intuition hat daher sowohl mit der Funktionsweise unseres Gehirns als auch mit dem guten alten Bauchgefühl zu tun!

Wenn wir einmal ein menschliches Gehirn betrachten, dann fällt auf, dass die Natur uns mit zwei Betriebssystemen ausgestattet hat. Eines davon, welches wir alle sehr gut kennen und welches durch unsere linke Hirnhälfte abgedeckt wird, ist zuständig für Logik, Fakten, Rechnen, analytisches Denken, Details und Sprache. Es wird zuweilen auch das narrative Betriebssystem genannt. Warum? Weil es uns tagtäglich Geschichten erzählt, und damit meine ich nicht unbedingt Geschichten, die uns guttun oder zu guten Entscheidungen führen. Im Buddhismus spricht man vom *Monkey Mind*, dem Affenkarussell, im Deutschen würden wir dazu Gedankenkarussell sagen. Dieses Phänomen des unruhigen, unkontrollierten Geistes, der wie ein Affe von Baum zu Baum springt und nicht zur Ruhe kommt, kennen wir alle. Dieser Monkey Mind verursacht Stress, denn er erzählt uns ja nicht, wie gut wir eine Sache gemacht haben, dass dies ein wunderbarer Tag werden wird und dass alles in Ordnung ist. Stattdessen kritisieren wir uns und blicken entweder voller Sorge in die Vergangenheit (*das war nicht gut …*) oder in die Zukunft (*das könnte schiefgehen …*).

Die meisten Menschen verlassen sich ihr ganzes Leben lang nur auf dieses eine Betriebssystem, ohne das andere jemals richtig kennengelernt zu haben. Das ist sehr schade, denn dieses zweite System, welches durch die rechte Hirnhälfte gesteuert wird, ist zuständig für unsere Kreativität, Musik, Tanzen, die Welt der Vorstellungen, Emotionen, Bilder und die Intuition – alles Bereiche, die im beruflichen Umfeld der meisten Menschen sehr wenig gefordert werden. Unsere Intuition ist unser sicherster Kompass, denn sie erfasst weit mehr als das, was der rationale Verstand zu erkennen vermag. Sie irrt sich daher auch nie, ganz im Gegensatz zum Verstand, den selbst Albert Einstein lediglich als den Diener des intuitiven Geistes bezeichnet hat. Das heißt: Der Verstand mag nützlich sein, wenn wir etwas planen, organisieren oder ein Problem lösen wollen. Wir sollten ihn aber anschließend immer mal wieder abschalten. Denn wir sind keineswegs identisch mit dem Gedankenstrom, der nahezu pausenlos durch unseren Schädel donnert.

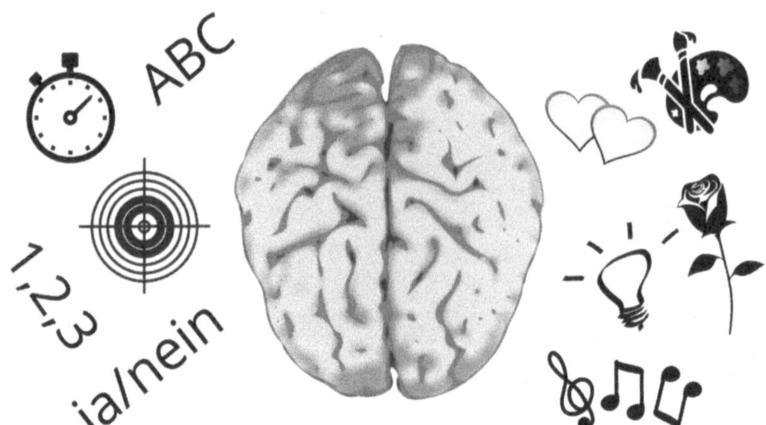

LINKSHIRN	RECHTSHIRN
Logik/Fakten	Kreativität
Rechnen	Musik/Tanzen
Ziele	Vorstellung
Analytisch	Intuition
Detail	Emotion
Sprache	Bildhaftes

Abb. 5 Unsere beiden Betriebssysteme: Linke und rechte Gehirnhälfte (eigene Darstellung)

Um die geheimnisvolle menschliche Intuition ranken sich seit jeher viele Mythen und Geschichten. Der Hindugott Shiva hat ein drittes Auge, welches mit Hellsichtigkeit in Verbindung gebracht wird. In der asiatischen Philosophie liegt das Zentrum unserer Intuition und Energie im *Hara*, einem Punkt im Unterbauch. Daher wird Buddha häufig symbolisch mit einem großen, runden Bauch dargestellt. Auch in der nordischen Mythologie mit ihren Elfen und Trollen spielen intuitive Kräfte eine bedeutende Rolle. Das alte isländische Wort für Intuition lautet *InnSæi*, das innere Meer. InnSæi bedeutet aber auch *nach innen blicken* und *von innen nach außen* blicken. Dieses innere Meer ist ständig in Bewegung, es lässt sich nicht in Worte fassen, und es drückt die Welt unserer Visionen, Gefühle und Vorstellungen aus.[15]

Einen Zugang zu deinem inneren Meer erhältst du nicht durch kognitive Prozesse. Du benötigst dafür dein zweites Betriebssystem, die Gegenwart – und die Stille. Denn um wirklich nach innen blicken zu können, brauchst du zunächst einen gewissen Abstand zu dir selbst, um die eigenen Gedanken und das eigene Verhalten aus der Sicht eines inneren Beobachters wahrnehmen zu können. Solange du dich noch mit deinem Verstand identifizierst, wird die Lautstärke deiner Gedanken deine Intuition stets übertönen. Erst dieser nötige Abstand ermöglicht dir den Kontakt mit allem, was jetzt im Moment gerade in dir selbst und im Außen passiert: mit deinen Gefühlen, mit deinem Körper und mit den Menschen, von denen du umgeben bist. Je nachdem, wie weit du als Natural Leader in diesem Prozess bereits fortgeschritten bist, kannst du spüren, was dein Team gerade braucht, was in deinen Mitarbeitern vorgeht – und welche Entscheidung sich gerade stimmig anfühlt.

Diese Intelligenz, die quasi aus dem *Feld* kommt und daher auch Feldbewusstsein genannt wird, ist eine völlig andere Art der Information als das, was wir kennen. Sie kommt nicht aus dem Verstand, nicht aus dem Stress und nicht aus der Rechtfertigung, sondern aus der Ruhe heraus und veranlasst dich, in dieser Situation genau das Richtige zu tun. Auf diese Art gelingt es, Klarheit und Wissen aus einem konzeptfreien Raum, also quasi aus dem *Nichtwissen*, zu schaffen. Gerade wenn es darum geht, strategisch wichtige Entscheidungen für ein Unternehmen zu treffen, ist der Verstand mit seiner begrenzten Erfahrung nicht unbedingt der beste Ratgeber. Denn dieser kann nur auf das zurückgreifen, was er kennt (und was bisher nicht funktioniert hat).

Wenn du dein zweites Betriebssystem nutzt, entscheidest du weder impulsiv noch greifst du auf dein Denkvermögen als Datenspeicher zurück. Vielmehr erfolgt eine Art Download aus dem Feld – der Gesamtheit aller Informationen, die dich in diesem Moment umgeben. So ähnlich geht auch der Hai vor, sein »Feld« ist der Ozean, dessen Botschaften er mithilfe seiner Sinne blitzschnell lesen und auswerten kann.

Sobald du dein intuitives Betriebssystem gezielt nutzen lernst, gelangst du zu mehr Klarheit, besseren Entscheidungen – und steigst ganz nebenbei noch aus dem Gedankenkarussell des Stresses aus. Dazu braucht es gar nicht unbedingt komplizierte fernöstliche Meditations-, Yoga- oder Atemtechniken. Meditation ist sehr hilfreich, um die Kraft der Gegenwart wieder zu spüren. Deine Gedanken lassen sich aber auch gut zur Ruhe bringen, wenn du dein Bewusstsein auf deinen Körper lenkst. Daher sind neben der Ruhe auch Sport und Bewegung – sofern kein Leistungsdruck oder Ziel dahintersteckt – für viele Menschen eine wunderbare Methode, um den Geist ruhig und klar werden zu lassen.

Wie du als Natural Leader ganz natürlich Entscheidungen triffst

Je komplexer und unvorhersehbarer unsere Welt wird, umso weniger kommen wir mit unserem Verstand weiter, wenn wir Probleme lösen wollen. Unsere bisherige Vorgehensweise, Antworten auf aktuelle Fragen ausschließlich über unser linkes Betriebssystem zu finden, funktioniert nicht mehr. Während ein rationales Vorgehen in einem planbaren und vorhersehbaren Marktumfeld durchaus noch Sinn machen mag, zeigt sich immer mehr, dass sich die Herausforderungen einer globalen Welt auf die herkömmliche Art nicht lösen lassen. Indem wir die Dominanz des rationalen Denkens über alles gestellt haben, haben wir uns gleichzeitig von unseren natürlichen intuitiven Fähigkeiten entfernt. So ist es uns Menschen mittlerweile zur Gewohnheit geworden, uns in Zahlen, Daten, Analysen, Logik zu verlieren – ohne gleichzeitig eine Möglichkeit eines Rückzuges zu schaffen. Erst ganz allmählich und zaghaft beginnen einige Organisationen, nicht nur Inseln des Austauschs, sondern auch Räume der Stille für ihre Mitarbeiter zu schaffen. Von einer breiten Akzeptanz für diese neue Vorgehensweise und die Bedeutung intuitiver Fähigkeiten sind wir jedoch noch weit entfernt. Im Gegensatz zum Hai fehlt uns das Vertrauen in das, was wir spüren. Oft ist dieses Bauchgefühl sogar vorhanden, doch wir schenken ihm keinen Glauben, aus Angst, dabei Fehler zu machen. Dennoch müssen Entscheidungen getroffen werden! Klarheit und Mut sind dabei deine wichtigsten Werkzeuge. Klarheit bedeutet, zunächst einmal einzuordnen, um welche Art von Entscheidung es eigentlich geht. Entscheidung ist nicht gleich Entscheidung, diese können unterschiedliche Folgen nach sich ziehen. Wenn der Ausgang weitgehend bekannt ist, bleibt das Risiko einer Fehlentscheidung überschaubar. Solche Entscheidungen kannst du durchaus delegieren, wenn sie das Fachgebiet deiner Mitarbeiter betreffen. Andere Entscheidungen gehen mit einer hohen Informationsunsicherheit einher. Du weißt nicht, welche Folgen eine Entscheidung hat oder wie wahrscheinlich es ist, dass eine bestimmte Konsequenz eintritt. Diese »unentscheidbaren« Entscheidungen brauchen Mut, denn sie bergen das Risiko einer Fehlentscheidung und sind daher oftmals nur intuitiv zu entscheiden. Solche Aufgaben kannst du nicht delegieren, sie sind ganz klar Chefsache! Das bedeutet jedoch nicht, stets einsame Entscheidungen zu treffen, sondern zuvor immer auch andere Meinungen anzuhören.

Prinzipiell bin ich der Meinung, dass ein Leader schnell und klar entscheiden sollte, um den Rahmen für andere zu stecken. In kniffligen Situationen rate ich eher davon ab. Wenn die Situation unklar ist, solltest du nichts unternehmen, bevor du für dich nicht Licht ins Dunkel gebracht hast. Nimm dir Zeit und Ruhe zum Spüren. Stelle deine Frage in die Stille hinein und lasse sie dann erst einmal los. Vertraue. Intuition ist die Gewissheit, dass die Antwort auch auf sehr ungewöhnlichen Wegen zu dir kommen kann. Plane bewusst Phasen der Ruhe ein und achte auf versteckte Botschaften! Das kann ein Traum sein, eine Person, die dir plötzlich begegnet, etwas, was du im Radio hörst … Reagiere beziehungsweise handele nicht, bevor du für dich nicht das Gefühl von Stimmigkeit hast!

Entscheidungen im Führungsteam

Eine ausgewogene Zusammensetzung des Führungsteams ist die beste Voraussetzung für kluge und besonnene Entscheidungen. Häufig umgeben wir uns allerdings mit Menschen, die uns ähnlich sind. Das hat zwar Vorteile, denn man ist sich sympathischer, findet schneller einen Zugang zueinander, und die Kommunikation ist viel einfacher. Zu viel Ähnlichkeit und Konsens beschränken aber auch das Entscheidungs- und Handlungsfeld der Gruppe, während verschiedene Perspektiven die Qualität der Entscheidung verbessern. Daher sollte ein Führungsteam immer so zusammengestellt werden, dass auch kontroverse Meinungen zugelassen und gehört werden. Es braucht Kräfte, die ziehen, und Kräfte, die bremsen – fehlt der eine Pol, besteht das Risiko, zu einseitig zu entscheiden. Im Idealfall hat jedes Team einen Advocatus Diaboli, der immer wieder kritisch hinterfragt und in dieser Rolle auch wertgeschätzt wird. Ist dann die Entscheidung gefallen – einstimmig oder nicht –, gehen und kommunizieren alle in eine Richtung. In der Natur sind die Herde oder der Schwarm gerade deshalb so erfolgreich, weil hier absolut kein Platz für die Machtspiele Einzelner ist!

Resilienz als natürliches Prinzip

Der Begriff der Resilienz beschreibt die menschliche Fähigkeit, sich an Veränderungen, Herausforderungen und belastende Lebenssituationen anzupassen, ohne dabei seine Stabilität, emotionale Integrität und psychische Gesundheit zu verlieren. Resiliente Menschen (ebenso wie Organisationen) gehen aus Rückschlägen und Krisen gestärkt hervor.

Resilienz ist ein grundlegendes Prinzip der Natur. Jedes Ökosystem, jede biologische Gemeinschaft muss Mechanismen entwickeln, um sich von Störungen zu erholen und ihre Funktionsfähigkeit wiederherzustellen. Resilienz ist daher ein wesentlicher Teil des evolutionären Prozesses: Im Lauf der Zeit haben sich die Arten an ihre Umgebung angepasst und Strategien entwickelt, um mit Problemen umzugehen. Bei uns Menschen scheint das noch nicht so reibungslos zu funktionieren, da sich Seminare und Konzepte zum Thema Resilienz zunehmender Beliebtheit erfreuen.

Doch was unterscheidet uns von der Natur? Es ist unser Selbstkonzept, das Ego. Dabei handelt es sich um ein psychologisches Konstrukt, nämlich die Vorstellung eines bewussten ICH und die Fähigkeit, sich selbst von anderen und der Umwelt zu unterscheiden.

Eigentlich kommen wir als perfekte Lebewesen auf die Welt. Doch kaum sind wir abgenabelt, lernen wir bereits, dass wir unvollkommen sind, uns anstrengen müssen, besser werden müssen und dergleichen mehr. Das hat Folgen, denn als Erwachsene geraten wir durch diese Prägungen leichter in Stress und müssen uns das, was in der Natur völlig natürlich ist, wieder aneignen: eine gewisse Widerstandsfähigkeit und innere Stärke, um aus Krisen und Veränderungen gestärkt hervorzugehen.

Für die Natur ist es kein Manko, dass sie die Idee eines Selbstkonzepts nicht kennt, ganz im Gegenteil. Da sie kein schlechtes Gewissen und keinen Anspruch an Perfektion und Leistung kennt, benötigt sie keine Nachhilfe in Sachen Resilienz. Ihre Entwicklung basiert auf Fehlern, denn ohne diese gäbe es keine Entscheidung, etwas besser zu machen – und keine Veränderung. Da sie völlig frei von Schuld- und Schamgefühlen ist, kann sie im Gegensatz zu uns entspannt mit den eigenen Fehlern umgehen.

Widerstandsfähigkeit in Organisationen

Die Resilienz der Natur hat also mit der Akzeptanz von Fehlern zu tun. Das trifft auch auf Organisationen zu. Die Art und Weise, wie in einer Organisation Entscheidungen getroffen werden, sagt viel über die dort vorherrschende Fehlerkultur aus. Werden Fehler als wichtige Erfahrung und als Gelegenheit zu persönlichem Wachstum betrachtet? Werden Mitarbeiter dazu ermutigt, ihre Fehler offen zuzugeben? Oder traut sich niemand zu, etwas Neues auszuprobieren, aus Angst, einen Fehler zu machen, der dann auch noch sanktioniert wird?

Eine offene Feedbackkultur trägt dazu bei, künftigen Fehlern vorzubeugen und die Mitarbeiterbindung zu erhöhen. Sie sagt aber auch einiges über die Resilienz einer Organisation aus. Denn Unternehmen, in denen Fehler als wesentliches Element eines Lernprozesses begriffen werden, können Krisen besser abfedern und sich leichter an ein verändertes Umfeld anpassen. Wer aus lauter Angst vor Fehlern keine Entscheidungen trifft, wird es schwer haben, dauerhaft zu überleben.

In puncto Widerstandskraft, Anpassungsfähigkeit und Veränderungsbereitschaft können Unternehmen von der Natur also einiges lernen. Die Natur kennt Unwetter und Stürme. Pflanzen werden abgedrückt, Äste abgebrochen – doch sie leben weiter. Vielleicht wachsen sie nicht mehr in der gleichen Richtung, sie passen sich der Situation an und bahnen sich einen neuen Weg. Manche Pflanzen wie der Bambus sind sogar so biegsam und elastisch, dass sie selbst die heftigsten Stürme unbeschadet überstehen können. Die Pflanze wächst, transformiert und gedeiht – durch die Krise gestärkt – einfach weiter. Die Natur und ihre Veränderungsfähigkeit sind in einem permanenten Krisenmodus.

Selbst der robuste, instinktsichere und wehrhafte Hai war kein Selbstläufer, sondern hat eine durchaus wechselhafte Entwicklung hinter sich. In seiner Welt gab es in den vergangenen 450 Millionen Jahren jede Menge Krisen und Fehlentscheidungen. Und so wurden Arten, die sich zu sehr auf eine bestimmte Nahrungsart festgelegt hatten, reduziert – während die Anpassungsfähigeren sich munter vermehrten.

Im Gegensatz zur Vorgehensweise in einem Unternehmen überlegt die Natur allerdings nicht, warum etwas nicht funktioniert, und sie sucht auch keine Schuldigen. Stattdessen versucht sie sofort, es besser zu machen!

Ob dein Unternehmen oder deine Organisationen über Resilienz verfügt, erkennst du an den folgenden vier Merkmalen:

1. **Angemessene Vorbereitung:** Krisen werden ernst genommen und nicht verdrängt. Denn ein soziales System, welches trotz offensichtlicher oder latenter Probleme so weitermacht wie bisher, bricht irgendwann zusammen.

2. **Erhalt der Handlungsfähigkeit:** Auch wenn Krisen nicht vorhergesagt werden können, sind resiliente Systeme auf sie vorbereitet und verfügen über Pufferkapazitäten: Wenn einer ausfällt, kann der andere einspringen. Auch Diversität (z. B. in einem Führungsteam) ist ein Resilienzfaktor: Ist ein Weg versperrt oder klappt nicht, wird ein anderer ausprobiert.

3. **Anpassung an die neue Realität:** Die Anpassung wird nicht als notwendiges Übel, sondern als lebendiger Teil des Lernprozesses verstanden.

4. **Transformationsfähigkeit:** Nach dem Abbau von Lernblockaden können neue Wege beschritten werden.

Übrigens: Die Bewahrung des Status quo um jeden Preis ist keine Strategie der Resilienz! Als Natural Leader trägst du durch deine Klarheit und deinen Mut zur Resilienz deines Unternehmens bei.

Wie du deine eigene Resilienz stärkst

Resilienz ist nicht nur das Immunsystem einer Organisation, sondern auch das der menschlichen Seele. Nicht nur Unternehmen müssen sich an Veränderungen anpassen – es betrifft immer auch die Menschen, die dort arbeiten. Manche scheinen wie der Phönix aus der Asche zu sein, da sie nach jeder Krise unerschütterlich und gestärkt wieder aufstehen. Anderen wiederum scheint diese Kraft zu fehlen, die Bewältigung kritischer Lebensphasen fällt ihnen schwer. Doch was unterscheidet die einen von den anderen?

Resiliente Menschen schaffen es, Rückschläge, Verluste oder Krisen auf Dauer unbeschadet zu meistern. Sie fallen hin, aber sie stehen auch wieder auf. Wer mit dieser psychischen Widerstandsfähigkeit ausgestattet ist, betrachtet eine schwierige Phase nicht als auswegloses Drama, sondern als Gelegenheit, daran zu wachsen und sich persönlich weiterzuentwickeln. Resiliente Menschen erkennt man an ihren starken »Wurzeln«, ihren stabilen Beziehungen sowie ihrer optimistischen Grundhaltung. Selbst in dunkelsten Phasen sehen sie bereits das Licht am Ende des Tunnels und bewegen sich darauf zu. Resilienz bedeutet nicht, dass es im Leben dieser Menschen keine schweren Krisen geben würde, ganz im Gegenteil. Resiliente Menschen bewerten diese nur anders und wachsen daran, anstatt daran zu zerbrechen. Sie sind nicht unverletzbar, sondern schaffen es, sich inmitten aller Verletzungen und Unvollkommenheiten das Glück eines gelingenden Lebens zu bewahren.

Das gegenteilige Konzept beschreibt die Vulnerabilität, also die Verwundbarkeit eines Menschen. Vulnerable Menschen lassen sich in schwierigen Situationen besonders leicht verletzen und negativ beeinflussen. Ihnen fehlen die Ressourcen, Krisen aus eigener Kraft zu meistern.

Als Natural Leader hast du ein leichteres Leben, wenn du dir ein Mindset der natürlichen Krisenbewältigung zulegst: Akzeptiere die permanente Veränderung, den dauerhaften Krisenmodus und die fortwährende Notwendigkeit, Entscheidungen zu treffen. Darin liegt das Geheimnis der Widerstandsfähigkeit der Natur.

Du wirst hinfallen und wieder aufstehen, möglicherweise auch Zurückweisung und Misserfolg erleben. Veränderungsfitness bedeutet daher nicht nur Mut, Vertrauen und Entschlossenheit, sondern auch, dass du selbst in schwierigen Zeiten weitergehst, unabhängig davon, ob du gerade kraftvoll bist oder schwächelst, ob du von Optimismus durchflutet bist oder ob auch negative Gedanken dich beschäftigen.

Eine japanische Weisheit lautet: Schon drei Jahre auf einem Stein. Das bedeutet, durchzuhalten und nicht vorschnell aufzugeben. Wie oft im Leben haben wir das Gefühl, jahrelang auf demselben Stein zu sitzen, auf der Stelle zu treten und nicht voranzukommen? Dabei bewirken wir doch eine ganze Menge, während wir auf dem Stein sitzen: Der Stein wird warm. Also haben wir alleine durch unser Durchhaltevermögen viel erreicht! Vielleicht liegt eines der Erfolgsgeheimnisse resilienter Menschen und Unternehmen darin, den Stein als natürlichen Prozess des Lebens wertzuschätzen.

Wie resilient bist du? Diese sieben Grundregeln der Resilienz geben Auskunft

Resilienz ist erlernbar, denn sie ist das Ergebnis einer persönlichen Entwicklung und keine statische Eigenschaft. Du kannst dich auch hier wieder an der Natur orientieren: Ein Scheitern hat dieselbe Wertigkeit wie der Erfolg. Es ist nur ein Zwischenschritt, ohne Angst, ohne Schuldzuweisung und ohne schlechtes Gewissen.

Die Fähigkeit zur Stress- und Krisenbewältigung basiert auf sieben wesentlichen Charaktereigenschaften. Diese bilden die sogenannten sieben Prinzipien der Resilienz oder auch Resilienzfaktoren.[16] Je mehr dieser Eigenschaften du bei dir selbst erkennst, umso resilienter bist du.

Abb. 6 Sieben Prinzipien der Resilienz (eigene Darstellung)

1. Selbstbewusstsein

Glaubst du an dich? Schätzt du dich und deine Stärken? Kannst du akzeptieren, dass dich nicht alle Leute mögen? Bist du davon überzeugt, dass jede auch noch so negative Erfahrung im Leben eine Chance zum Wachstum darstellt? Wirst du selbst aktiv, wenn etwas schiefgelaufen ist? Gehst du Herausforderungen an und stellst dich Problemen und Konflikten? Oder schlüpfst du gerne mal in die Opferrolle und beschuldigst andere?

2. Kontaktfreude

Verfügst du über ein tragfähiges Netzwerk sozialer Beziehungen und pflegst diese? Löst du Schwierigkeiten gerne gemeinsam mit anderen Menschen? Suchst du dir aktiv einfühlsame Partner, die dir Mut machen und dich an deine Stärken erinnern? Schätzt du gute, stabile und langfristige Beziehungen?

3. Gefühlsstabilität

Bist du in der Lage, deine eigenen Emotionen und deine Aufmerksamkeit jederzeit zu analysieren? Kannst du deine Gefühlswelt derart steuern, dass du hohe Belastungen und der Umgang mit vermeintlich »schwierigen«

Menschen nicht als Stress, sondern als Herausforderung empfindest? Kannst du in solchen Phasen bereits kurz darauf wieder voll agieren?

4. Optimismus

Wie gehst du mit Niederlagen um? Sagst du: »Das schaffe ich nie«? Oder bist du davon überzeugt, dass du nur dieses eine Mal keinen Erfolg hattest, es dir beim nächsten Mal aber gelingen wird? Bist du dennoch dankbar für alles, was du bisher erreicht hast und für jeden, der dich dabei unterstützt hat? Widerstandsfähige Menschen beziehen Niederlagen nicht verallgemeinernd auf ihre Person, sondern auf die Situation. Sie akzeptieren, was ist, reden sich die Sache aber auch nicht schön. Dennoch blicken sie optimistisch in die Zukunft und bleiben dankbar für das Erreichte. Somit wird aus einer Krise kein dauerhaftes Problem, sondern ein überschaubares Ereignis, welches aus eigener Kraft bewältigt werden kann.

5. Handlungskontrolle

Bist du in der Lage, deine Impulsivität zurückzustellen und auf bestimmte Verhaltensanreize kontrolliert und überlegt zu reagieren? Kannst du eine sofortige Belohnung zugunsten eines höheren Ziels in der Zukunft aufschieben? In der Fachsprache nennt man diese Fähigkeit »Gratifikationsverzicht«. Die Fähigkeit, seine Impulse auf diese Art kontrollieren zu können, gilt als ein wichtiges Merkmal emotionaler Intelligenz.

6. Realismus

Kannst du langfristig denken, für dich realistische Ziele entwickeln und diese auch umsetzen? Wer langfristig und realistisch plant, gerät auch bei temporären Wendepunkten und Krisen im Leben nicht aus dem Takt. Denn wer sich in Gedanken bereits auf die Zeit nach der Krise vorbereitet, meistert die Herausforderung leichter und schneller. Resiliente Menschen sehen die Dinge durchaus so, wie sie wirklich sind. Sie machen sich auch nichts vor. Allerdings gehen sie konstruktiv mit unvermeidlichen Krisen um.

7. Analysestärke

Kannst du die wahren Ursachen eines Problems genau erkennen und analysieren? Bist du in der Lage, dadurch die Perspektive zu wechseln und alternative, zukunftsorientierte und oft bessere Lösungen zu erkennen? Wer klar analysieren kann, wie eine Situation zustande kam und dabei auch den eigenen Anteil daran angemessen berücksichtigt, verliert sich nicht in Schuldzuweisungen und verharrt auch nicht in der Opferrolle. Denn um ein Problem zu lösen, hilft es ungemein, eingefahrene Denkmuster zu verlassen und die Dinge neu zu bewerten.

Dein Natural Leadership Canvas: Feld 5

Nun kannst du das fünfte Feld deines Natural Leadership Canvas mit Leben füllen. Die folgenden Reflexionsfragen helfen dir dabei, die Themenbereiche **Intuition, Entscheiden** und **Resilienz** noch einmal für dich Revue passieren zu lassen:

Was waren die besten Entscheidungen meines Lebens und warum?

____

____

Wie habe ich diese getroffen?

____

____

Was hilft mir als Natural Leader künftig dabei, gute Entscheidungen zu treffen?

____

____

Was brauche ich noch, um wirklich intuitiv aus dem Bauch entscheiden zu können? (Z. B. mehr inhaltliche Tiefe im Markt etc.)

Wie möchte ich mein zweites Betriebssystem aktivieren?

In welcher Situation/welchen Situationen stand mir mein Ego im Weg? Vielleicht, weil ich Fehler nicht eingestehen wollte und deshalb notwendige Entscheidungen nicht gefällt oder nicht rückgängig gemacht habe?

Welche meiner Charaktereigenschaften haben sich bei Krisen bewährt?

Welche Stärken möchte ich künftig bewusst entwickeln, um Resilienz aufzubauen?

Übertrage deine wichtigsten Erkenntnisse aus den Reflexionsfragen auf das Blatt mit dem Hai (siehe QR-Code). Falls du noch weitere Gedanken zu diesem Kapitel hast, notiere diese ebenfalls.

Prinzip 6: Der Wolf – Gemeinschaft als Überlebensfaktor

»Wenn der Schnee fällt und die weißen Winde wehen, stirbt der einsame Wolf, doch das Rudel überlebt.«

Sansa Stark in »Das Lied von Eis und Feuer«

Was macht ein wirklich gutes Team aus? Welche Leute brauche ich? Wie stelle ich meine Mannschaft zusammen? Welche Stärken hat jeder Einzelne, wer ist für welche Aufgaben wirklich geeignet, und wie arbeiten wir optimal zusammen? Was motiviert eigentlich diese Menschen, die sich mit mir gemeinsam auf die Reise begeben?

Wenn du ein Leader bist oder werden möchtest, ist es essenziell, darauf gute Antworten zu finden. Die Natur muss sich diese Fragen nicht stellen – hier klappt die Zusammenarbeit in der Regel instinktiv, sei es im Rudel, in einer Herde oder im Schwarm. In einem Unternehmen sieht die Sache schon wieder etwas anders aus, denn hier folgt die Zusammenstellung eines Teams nach anderen Regeln: In erster Linie geht es sehr häufig darum, wer die **fachliche** Qualifikation für eine Stelle hat. Persönliche Eigenschaften oder Stärken, die das Team als Ganzes voranbringen, werden deutlich seltener abgeglichen. Dabei hängt der Erfolg eines Teams keineswegs davon ab, dass sich hier die klügsten Köpfe versammeln, ganz im Gegenteil. Bei der Teamarbeit gilt das Prinzip: Das Ganze ist mehr als die Summe seiner Einzelteile. Heterogene Teams, in denen bestimmte Rollen besetzt sind, sind erfolgreicher und produktiver als eine Gruppe Spezialisten, mögen diese auch allesamt echte Koryphäen auf ihrem Gebiet sein!

In der Natur sind Teamwork und das Leben in einer Gemeinschaft für viele Arten ein entscheidender Überlebensfaktor. Das Sozialgefüge eines Wolfsrudels ist ein anschauliches Beispiel dafür, wie eine Gemeinschaft sich entwickeln und dank Kooperation unter schwierigen Bedingungen überleben kann.

Familienbetrieb Wolfsrudel

Der Wolf gehört wohl zu den faszinierendsten und leider auch am häufigsten missverstandenen Arten in unseren Breiten. Der erfolgreiche Jäger war einst das am weitesten verbreitete Landsäugetier der Erde. Mit der Ausbreitung von Ackerbau und Viehzucht geriet er jedoch ins Blickfeld des Menschen – und wurde zum Feind erklärt. Mit der Erfindung der Schusswaffen begann dann seine systematische Ausrottung. Der vermeintlich aggressive Wolf musste seit jeher als Projektionsfläche für menschliche Ängste herhalten, steht er doch für die tief verborgenen Schattenbereiche unseres Seins: Stärke, Unabhängigkeit und Wildheit.

Im Mittelalter galt er daher als Verkörperung des Bösen und wurde im Wahn einer regelrechten Werwolf-Hysterie dämonisiert, verfolgt und getötet. Zwar haben sich die anpassungsfähigen Tiere heute ihren Lebensraum weitgehend wieder zurückerobert. Doch alte Mythen und Märchen nähren die Urangst vor dem »bösen« Wolf bis heute. Dabei gehört der Wolf zu den Arten, deren Sozialverhalten uns Menschen wohl am ähnlichsten ist. Es gibt nicht viele Szenen in der Natur, in denen so viel Fürsorglichkeit zu beobachten ist wie in einer Wolfsfamilie.

Tanja Askani ist Expertin für Wölfe. Für sie sind Wölfe sensible Tiere, die sogar zu uns Menschen eine enge Beziehung aufbauen können, sofern sie uns als vertrauenswürdig erachten. Tanja Askani muss es wissen, denn sie kümmert sich um mehrere Wolfsrudel im Naturpark Lüneburger Heide und lebt zeitweise auch mit ihnen. Über viele Jahre hinweg hat sie so die Liebe und das Vertrauen der Wölfe gewonnen und wird auch als menschliches Mitglied ihres Rudels anerkannt.

In ihrem Buch »Wolfsspuren[17]« schreibt sie: »*Was wir in der äußeren Natur verfolgen und ausrotten, merzen wir auch in unserer Seele aus. Jeden Schritt, den wir uns von der Natur entfernen, bezahlen wir mit einem Verlust an ursprünglicher Vitalität, an Geborgenheit in der Welt, einem Verlust an Verständnis und Weisheit. Durch den Kampf gegen alles Wilde hat der Mensch eine beispiellose Kettenreaktion der Zerstörung der Natur und der ihr innewohnenden Wesen und intelligenten Systeme ausgelöst.«*

Dabei begann die Geschichte des Wolfes ruhmvoll: Von den Griechen wurde er als Symbol des Kriegsgottes Mars, von den Ägyptern als Gott des Totenreiches verehrt. In den Mythen nordamerikanischer Indianer nimmt der Wolf die Rolle eines Schutzgeistes und Bruders ein. Als »Jagdbrüder« machten Menschen und Wölfe einst Jagd auf die gleiche Beute und respektierten ihre Territorien. In der Sprache der Pawnee-Indianer sind Wolf und Mensch daher ein und dasselbe Wort. Für die heutigen Indigenen Nordamerikas gehört der Wolf, der sich auch dort wieder angesiedelt hat, ebenso selbstverständlich zur Natur wie alle anderen Wildtiere auch. Er gilt als Hüter der Flüsse und Seen, hält den Wildtierbestand gesund, indem er kranke Tiere erbeutet, und dient aufgrund seines fürsorglichen und zärtlichen Umgangs mit der Familie als Vorbild. Denn bei den Wölfen dreht sich alles um die Familie. Wölfe leben in einer perfekten Sozialstruktur – ein frei lebendes Wolfsrudel ist ein Familienunternehmen, eine starke Gemeinschaft, die für den Schutz ihrer Mitglieder sorgt.

Im Normalfall besteht ein Wolfsrudel aus dem Elternpaar und dessen Nachkommen. Die Eltern bleiben ein Leben lang zusammen. Die Familie ist zugleich Basis, Sicherheit und Selbstzweck und damit der wichtigste Schutz in der Wildnis. Daher sind Wölfe auch bereit, für ihre Solidargemeinschaft jedes Opfer zu bringen. Wie in einer Familie weiß jedes Rudelmitglied, wo sein Platz ist und wer Entscheidungen trifft. Zum Rudel gehören auch die Welpen, die im ersten Lebensjahr vollständig auf die Fürsorge ihrer Eltern angewiesen sind. Dabei ist die Aufzucht der Jungwölfe eine gemeinschaftliche Beschäftigung. Sie werden von allen Familienmitgliedern gehätschelt, mit Nahrung versorgt und verteidigt. Ab dem zweiten Lebensjahr sind sie dann alt genug, um selbst bei der Aufzucht der jüngsten Geschwister mitzuhelfen. Sind die Eltern unterwegs, bleiben sie zu Hause und schleppen Futter herbei. Aber auch alte und verwundete Familienmitglieder werden mit Nahrung versorgt und nicht im Stich gelassen.

Die geschlechtsreifen Jungwölfe verlassen meist bis zum Alter von etwa drei Jahren das Rudel, um einen Partner und ein eigenes Revier zu finden. Dabei legen sie oft beachtliche Distanzen von mehreren Hundert Kilometern zurück. In freier Natur gibt es im Wolfsrudel übrigens keinen Streit um Führungsposition, Rangordnung und Sexualpartner. Hierarchien mit dominanten Alpha- und untergeordneten Beta- beziehungsweise Omegawölfen haben keinen natürlichen Ursprung. Sie bilden sich nur in der Gefangenschaft eines Zoos oder Wildparks, wenn die jungen Wölfe sich kein eigenes Revier suchen können. Hierarchien sind daher ein notwendiges Arrangement, wenn eine große Anzahl erwachsener Tiere auf engem Raum zusammenleben muss.

Das Leben wilder Wölfe hingegen ist von Harmonie sowie von einem spielerischen und liebevollen Umgang miteinander geprägt. Die Familienmitglieder bestätigen sich gegenseitig immer wieder ihre Zuneigung und Achtung durch Interaktionen und Rituale. Diese Rituale geben Orientierung und stärken den Zusammenhalt. Wölfe verfügen über ein hoch entwickeltes Sozialverhalten. Sie sind in der Lage, ihre Gefühle, Stimmungen und Absichten sehr differenziert, aber weitgehend lautlos durch einen Blick oder Gesichtsausdruck zu vermitteln. Mittels Körpersprache werden die Stimmung und der Rang im Rudel kommuniziert und Grenzen ausgetestet. Ein spielerisches Zwicken in die Kehle demonstriert, wer das Sagen hat und verhindert gleichzeitig Aggressionen. Das wiederum kommt den Welpen zugute, denn in einem Rudel, das zusammenhält, steigen ihre Überlebenschancen.

Starke emotionale Bindungen werden spürbar, wenn sich die Mitglieder eines Rudels durch überschwängliche Gesten und stürmisches Schwanzwedeln begrüßen. Das spielerische Kabbeln und Zwicken in die Schnauze bei der Begrüßung festigt den Zusammenhalt ebenso wie gemeinsames Heulen. Wölfe sind stets um eine freundliche Grundstimmung und Harmonie innerhalb der Familie bemüht. Tanja Askani spricht von einem »respektvollen, fast religiösen Frieden« im Sozialgefüge eines Wolfsrudels, in dem alle Mitglieder die übergeordneten Regeln kennen und respektieren.

Unterschiedlichkeit als Erfolgskonzept

Menschen und Wölfe haben viele Gemeinsamkeiten. Genau wie wir auch ist jeder Wolf ein Individuum, eine einzigartige Persönlichkeit mit besonderen Stärken und einem eigenen Charakter. Tanja Askani beschreibt die Zusammensetzung eines Rudels wie folgt: Da gibt es Wölfe, die eine besonders feine Nase haben und dadurch Beute besonders leicht aufspüren können. Andere verfügen über eine besondere Ausdauer und sind dadurch in der Lage, ein Beutetier länger zu verfolgen. Und wieder andere haben sehr viel Erfahrung in der Jagd und beherrschen es souverän, ihre Beute aus dem Hinterhalt zu überraschen. In einem Wolfsrudel kommen je nach Alter, Lebenserfahrung und Persönlichkeit sowohl neugierige, erfinderische, durchsetzungsstarke, schüchterne und zurückhaltende Wölfe vor. Der Jagderfolg der Wolfsgemeinschaft hängt davon ab, dass die Tiere kooperieren und ihre Unterschiedlichkeit nutzen, um gemeinsam ein perfektes Team zu bilden. Jeder Wolf, der seinen Platz im Rudel kennt, ist wichtig für den Erfolg der Einheit und daher »richtig«, wie er ist. Die verschiedenen Charaktereigenschaften sind wie Teile eines Puzzles, die zusammenpassen, um das Überleben der Gruppe in der Wildnis zu sichern. Nur gemeinsam mit allen ihren Stärken und Schwächen können die Wölfe eine harmonische, überlebensfähige Gemeinschaft bilden, in der jedes Mitglied – je nach Hierarchie und Rangfolge – seine Aufgaben hat. Trotz ihrer individuellen Unterschiede haben alle Wölfe jedoch viel gemeinsame Grundbedürfnisse, wie Tanja Askani aufgrund ihrer Beobachtungen feststellen konnte. Da ist zum einen ihr Bedürfnis nach Bindung und Liebe: Wölfe müssen ihren starken Familiensinn und ihr Zusammengehörigkeitsgefühl im Rudel ausleben. Darüber hinaus sind sie aber auch Individualisten, die viel Freiheit und die Möglichkeit brauchen, eigenständige Entscheidungen zu treffen. Das dritte bedeutende Bedürfnis ist ihr Drang nach Anerkennung und sozialer Bestätigung durch andere Rudelmitglieder. Und dann ist da noch das Bedürfnis nach dem gemeinsamen Spielen, um den Zusammenhalt zu festigen und Spannungen abzubauen. Die jungen Wölfe lernen dadurch jene Fähigkeiten, die sie für ihr späteres Leben brauchen.

Liebe, Autonomie, soziale Anerkennung, spielerischer Austausch: All das ist auch in unserem Leben wichtig. Für Tanja Askani sind diese Grundbedürfnisse nicht nur für Mensch und Wolf, sondern für alle intelligenten Lebewesen die gleichen. Sie unterscheiden sich lediglich in der Form ihrer Ausprägung und in der Art und Weise ihrer Umsetzung.

COACHING-TIPPS VOM WOLF

Vom Wolf kannst du lernen, dass Durchsetzung, Freiheit und Zusammenhalt keine Gegensätze sind, sondern sich wechselseitig bedingen. Der Leitwolf zeigt dir auch, welche Haltung ein Anführer mitbringen sollte: Für ihn ist die Führung seines Rudels kein Privileg, sondern eine Dienstleistung an der Gemeinschaft.

TIPP 1: Sei ein Vorbild für die Menschen, die du anführst

Loyalität und Integrität sind wichtige Eigenschaften einer Führungskraft, die Vorbild für andere sein möchte. Der Wolf ist Experte darin. Als Anführer seines Rudels hat er kein Interesse daran, sich persönlich zu bereichern. Er hat sein Auskommen und stellt sich in den Dienst der Sache. Deshalb hat er auch keine Angst um seine Position. Ein Wolf würde niemals um jeden Preis an seinem Stuhl »kleben« wollen (weshalb es in der Natur auch keine Stühle und keine Vorgesetzten gibt). Er tritt dann ab, wenn seine Zeit gekommen ist und es einen stärkeren Wolf gibt. Bis es so weit ist, fordert und fördert er seine »Mitarbeiter« und entwickelt sie, so gut es möglich ist. Er weiß, dass das Überleben der Gruppe davon abhängt, neue Leader heranzuziehen und auszubilden. Daher gibt es auch keine Streitigkeiten um Rang und Führungsposition. Als gestandener Rudelführer hat er es nicht nötig, seine Großartigkeit herauszustellen, andauernd Macht zu demonstrieren oder gar Schwächere zu unterdrücken. Er überzeugt durch seine natürliche Autorität. Angst vor Machtverlust kennt er nicht, denn seine Stellung als Leitwolf ist kein Status um der Macht willen. Sie dient der Gemeinschaft und der Erreichung der gemeinsamen Ziele. Denn als Anführer hat er nicht nur Rechte, sondern auch Pflichten zu erfüllen: Mit Demut übernimmt der Leitwolf Verantwortung für das, was ihm anvertraut wurde. Und das ist für mich das Wesentliche für die Haltung eines Leaders: sich um das kümmern, wirklich kümmern, was uns anvertraut wurde. So wie der Wolf sich hingebungsvoll um seinen Nachwuchs kümmert, solltest du dich um das Wohlergehen und die Entwicklung deiner Mitarbeiter kümmern, denn ihr seid als Team aufeinander angewiesen. Durch deine Haltung und dein Verhalten gibst du die Leitplanken vor und fungierst als Vorbild.

TIPP 2: Entwickle dein Team

Der Mythos des einsamen Wolfs hat in der Realität nicht den Charme und den Stellenwert, der ihm zugeschrieben wird. Ein einsamer Wolf streift nur so lange alleine umher, bis er ein neues Revier gefunden hat und ein eigenes Rudel gründet. Zwar können Wölfe eine Zeitlang alleine leben und jagen – als Team sind sie jedoch deutlich erfolgreicher, da sie bei der Jagd als eine intelligente Einheit zusammenarbeiten, um ihr Ziel zu erreichen. Die Gemeinschaft als soziale Einheit gibt ihrer Existenz einen Sinn. Vom Wolfsrudel kannst du lernen, dass ihr als Team deutlich erfolgreicher seid, sofern alle die Regeln kennen und das gleiche Ziel verfolgen. Was in der Natur weitgehend instinktiv abläuft, musst du als Leader jedoch bewusst anstoßen: aus einer Gruppe unterschiedlicher Einzelindividuen ein Team zu entwickeln, welches durchaus eine sinnstiftende Funktion erfüllen kann. Dazu braucht es zunächst einmal Spielregeln, die ihr gemeinsam aufstellen und immer wieder auf den Prüfstand stellen solltet. Bei der menschlichen Teamentwicklung gilt übrigens dasselbe wie im Wolfsrudel: Es braucht viel Wertschätzung, gegenseitige Anerkennung, Autonomie und durchaus auch den spielerischen Austausch, um gemeinsam zu lernen. Lernaktivitäten und spielerische Einheiten im Rahmen eines Teambuildingprozesses helfen dabei, eure Zusammenarbeit immer wieder zu reflektieren und eure Bedürfnisse zu kommunizieren.

TIPP 3: Setze auf Heterogenität

Im Wolfsrudel gleicht kein Wolf dem anderen und das ist auch gut so. Heterogene Teams sind erfolgreicher, sofern die Teammitglieder ihre Unterschiede als Vorteil begreifen und ergänzend aufeinander zugehen. Als Leader solltest du dich daher auf die Stärken deiner Mannschaft konzentrieren und dich weniger auf das Optimieren einzelner Schwächen fokussieren. Das ist auch deutlich motivierender! Keiner muss alles gleich gut können, aber jeder im Team hat seinen »Ergänzer« – also eine Person, die die eigenen Schwächen ausgleichen kann und mit der man sich zusammentun sollte, um ein optimales Ergebnis zu erreichen. Auf die Bedeutung der Ausgewogenheit männlicher und weiblicher Kräfte habe ich bereits beim dritten Prinzip – den Elefanten – hingewiesen. Auch in einem Team gibt es verändernde und bewahrende Rollen, sogenannte Vater- und Mutterrollen, und zwar unabhängig vom biologischen Geschlecht. Allerdings ist die Vorstellung, dass Teamarbeit in erster Linie darauf abzielt, ein messbares Ergebnis zu erzielen, noch immer weit verbreitet. Oft vernachlässigen wir dabei, dass auch Kräfte notwendig sind, die aus einer Gruppe von Menschen erst ein funktionsfähiges Team machen – dafür braucht es die Stärken des Erhaltens und Zusammenhaltens, also die weibliche Energie. In einem funktionierenden Team ist jeder wichtig für den Erfolg! Das gilt auch für die älteren und erfahrenen Mitarbeiter. Im Wolfsrudel spielen die Senioren, auch als Altwölfe bezeichnet, eine wichtige Rolle. Als Lehrer und Mentoren geben sie ihre Erfahrung und ihr Wissen an die Jüngeren weiter. Ein alter Wolf ist daher kein Ballast, sondern aufgrund seiner Lebenserfahrung ein wandelndes Lexikon; er findet mitunter die besten Pässe durch das verschneite Gebirge. Ältere Mitarbeiter, die über langjährige Erfahrung und Wissen verfügen, finden möglicherweise bessere Lösungen und treffen bessere Entscheidungen. Deshalb solltest du die »Altwölfe« gut in dein Team integrieren und deine Wertschätzung dadurch ausdrücken, indem du sie ausdrücklich um Rat fragst. Im Rahmen eines Mentorings zwischen jüngeren und älteren Mitarbeitern profitieren und lernen beide Generationen voneinander.

Die fünf Erfolgsfaktoren von Teams

Was macht Teamarbeit effektiv? Diese Fragestellung untersuchte eine Studie[18], die der Konzern Google mithilfe von Psychologen, Statistikern, Soziologen und Ingenieuren durchgeführt hat. Der griechische Philosoph Aristoteles wurde zum Namenspatron des »Project Aristotle«, da die Aussage, dass das Ganze mehr als die Summe seiner Teile sei, ihm zugeschrieben wird. Im Rahmen dieser Studie wurden 180 Teams zwei Jahre lang untersucht, um herauszufinden, wie diese am besten funktionieren. Das Fazit der Forscher: Es kommt viel weniger darauf an, wer in einem Team ist, sondern mehr darauf, wie die Teammitglieder interagieren, wie sie ihre Arbeit strukturieren und ihre Beiträge betrachten. Die Ergebnisse ähnelten sich über alle Arten von Teams hinweg – vom Vertrieb bis zur Technik, von San Francisco bis Singapur. Stets waren es fünf Erfolgsfaktoren, die Teams mit den besten Leistungen von denjenigen mit den schwächsten Ergebnissen unterschieden:

1. **Psychologische Sicherheit:** In einem Klima der psychologischen Sicherheit fühlt sich jeder bereit, ein zwischenmenschliches Risiko einzugehen: Ob beim Einbringen neuer Ideen, beim Eingestehen von Fehlern oder beim Stellen dummer Fragen – niemand muss befürchten, von anderen Teammitgliedern be- oder verurteilt zu werden. Dieser Faktor wird als der wichtigste gesehen.

2. **Verlässlichkeit:** In zuverlässigen Teams erledigen die Mitglieder zuverlässig und termingerecht Qualitätsarbeit. Sie weichen ihrer Verantwortung nicht aus, nehmen sie ernst und tragen dazu bei, dass das Team auf Kurs bleibt. So einfach es klingt, aber es hat sich herausgestellt, dass dies für die Effektivität in Teams von entscheidender Bedeutung ist.

3. **Struktur und Klarheit:** Das bedeutet, dass ein Team klare Rollen, Ziele und Pläne hat. Der Einzelne versteht, was von ihm erwartet wird, was er und sein Team anstreben und wie sie alle gemeinsam dorthin gelangen wollen.

4. **Bedeutsamkeit und Sinn:** Für Einzelpersonen in einem Team ist es von entscheidender Bedeutung, dass sie in ihrer Arbeit oder ihren Ergebnissen ein Gefühl für den Sinn ihrer Arbeit finden. Der Sinn ist für jeden Einzelnen etwas sehr Persönliches und kann von Person zu Person verschieden sein. Für den einen ist es vielleicht die finanzielle Sicherheit, für den anderen der Erfolg im Team oder die eigene Selbstverwirklichung.

5. **Wirksamkeit (Impact):** Das Bewusstsein, dass die eigene Arbeit einen Unterschied macht und zum Erfolg des Unternehmens beiträgt, ist ein weiteres Kriterium. Diese subjektive Beurteilung zeichnet die effektivsten Teams aus und kann darauf beruhen, dass man erkennt, wie die eigene Arbeit zu den Zielen der Organisation beiträgt und inwiefern sie Veränderungen bewirkt.

Die Studie wurde von Google mit einem Millionenaufwand betrieben. Ein Blick auf die Zusammenarbeit eines Wolfsrudels offenbart jedoch, dass die Natur ihre wichtigsten Erfolgskriterien für Teamarbeit bereits längst entwickelt hat. Denn was das Wolfsrudel zusammenhält, hält auch ein menschliches Team zusammen: Sicherheit, Anerkennung, Zusammenhalt, Stabilität, Bindung, Zuverlässigkeit, Klarheit, Sinn.

Wie du dein Team optimal zusammensetzt

Das Wolfsrudel ist deshalb beim gemeinsamen Jagen erfolgreich, weil alle ihre Stärken ausspielen können. Diesen Effekt kannst du auch in deinem Team erzielen.

Der britische Wissenschaftler und Berater Raymond Meredith Belbin[19] fand heraus, dass ein Team dann besonders erfolgreich ist, wenn bestimmte Rollen besetzt sind. Als Teamrolle bezeichnet er die Position oder Aufgabenstellung, die ein Mitglied innerhalb der Gruppe innehat. Diese Aufgabe kristallisiert sich meist durch gruppendynamische Prozesse heraus, da jede Rolle mit bestimmten Stärken einhergeht. Nicht jeder im Team kann jede Rolle einnehmen. Belbin entwickelte ein Modell, welches neun verschiedene Teamrollen beschreibt. Das Interessante dabei ist, dass darunter sowohl typisch männliche als auch typisch weibliche Rollen vorkommen!

Belbins Ansatz gehört zu den Managementklassikern und liefert bis heute wertvolle Impulse. Nachstehend findest du die Beschreibung der Teamrollen, die er identifiziert hat. Welche Rolle oder welche Rollen erkennst du an dir wieder, was ist dein »blinder Fleck«, und welche Rollen kommen in deinem Arbeitsumfeld vor?

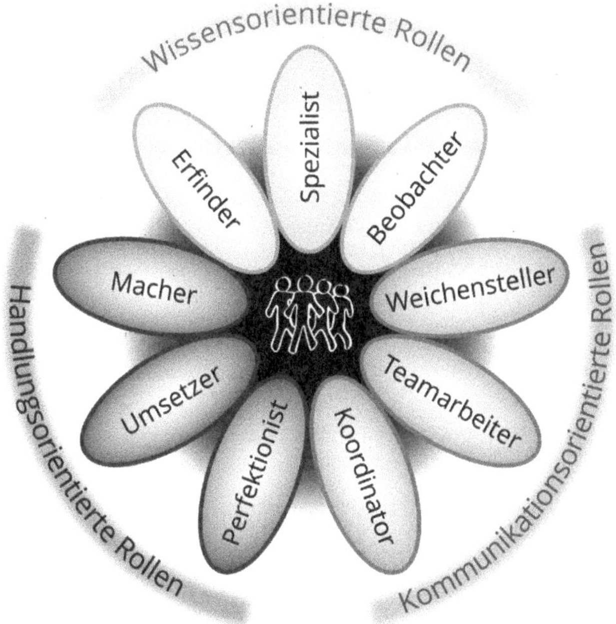

Abb. 7 Die 9 Teamrollen nach Raymond Meredith Belbin (eigene Darstellung)

Handlungsorientierte Rollen

Perfektionist

Als Perfektionist gibst du den Dingen den letzten Schliff, achtest auf eine hohe Qualität und auf das korrekte Einhalten von Terminen. Du bringst Projekte tatsächlich zu Ende und arbeitest dabei immer gründlich und gewissenhaft. Du trägst damit wesentlich zum erfolgreichen Gesamtergebnis deines Teams bei, denn du vermeidest Fehler und stellst optimale Ergebnisse sicher.

Dein blinder Fleck

Da dein Anspruch an Perfektion hoch ausgeprägt ist und du ohnehin gerne kontrollierst, brauchst du bis zur Fertigstellung einer Aufgabe oft länger als andere. Du vermeidest es, zu delegieren (denn keiner erledigt es so perfekt wie du), manchmal wirkst du daher auch zaghaft oder sogar überängstlich, weil du keinen Fehler machen möchtest. Im Team kannst du durch deine hohen Ansprüche schon mal ein Gefühl von Druck und Ungeduld erzeugen.

Wenn in deinem Team ein Perfektionist fehlt …,

… ist womöglich viel Energie bei der Ideenfindung und Konzeptentwicklung vorhanden, jedoch starke Unlust beim Wechsel in die Umsetzungsphase. Auch überdurchschnittlich viele Flüchtigkeitsfehler können darauf hinweisen, dass hier ein Perfektionist erforderlich ist!

Umsetzer

Als Umsetzer kannst du sehr gut leiten und strukturieren, allerdings immer in Bezug auf eine konkrete operative Aufgabe, deren Machbarkeit du stets im Auge behältst. Du verfügst über ein praktisches Organisationstalent, bist diszipliniert, pflichtbewusst und effektiv. Du entwirfst sinnvolle Arbeitspakete, motivierst in Schwächephasen und hast ein hohes Durchhaltevermögen.

Dein blinder Fleck

Schnelle und unvorbereitete Veränderungen eines Planes sind nicht unbedingt deine Sache, da es deine gut geplanten Abläufe durcheinanderbringt. In diesen Situationen reagierst du dann schon mal unflexibel und eigensinnig.

Wenn in deinem Team ein Umsetzer fehlt …,

… gibt es vermutlich viele Aufgaben, die nicht zu Ende gebracht werden oder dein Team erreicht nur unbefriedigende Ergebnisse. Häufig kommt es zur Frustration im Sinne von »Wir reden ja nur und tun nichts!«

Macher

Als Macher eines Teams verfügst du über sehr viel Tatkraft und Energie. Du hast den Mut, Hindernisse zu überwinden und bringst das Team voran, indem du die Dinge bereits ins Laufen bringst, während andere noch darüber diskutieren. Du bist dynamisch, unermüdlich, pragmatisch, arbeitest gut unter Druck und bist ausgesprochen stressresistent. Im Gegensatz zum Umsetzer, der gerne in der zweiten Reihe bleibt, bist du als Macher am liebsten ganz vorne mit dabei.

Dein blinder Fleck
Geduld ist nicht unbedingt deine Stärke, denn du möchtest am liebsten sofort loslegen. Mit Zögerern und Zauderern kannst du nur schwer umgehen und neigst dann schon mal zur Provokation. Manchmal merkst du erst hinterher, dass es vielleicht doch besser gewesen wäre, das Projekt zuvor noch einmal kritisch durchzudenken.

Wenn in deinem Team ein Macher fehlt …,
… kommen Projekte nicht in Gang, sondern werden zerredet beziehungsweise Probleme gesucht. Ohne Macher fehlt dem Team die Erkenntnis, dass vieles schon funktionieren wird, wenn man es einfach mal ausprobiert.

Wissensorientierte Rollen

Erfinder

Als Erfinder bist du unkonventionell, experimentierfreudig, spontan und wenig angepasst. Für dein Team bist du eine Quelle der Innovation. Den Satz »Das war schon immer so!« magst du gar nicht akzeptieren und bringst stets frische Ideen ins Team. Auch zu einer bereits beschlossenen Vorgehensweise kannst du nachträglich noch neue Erkenntnisse beisteuern, was die Geduld der anderen bisweilen sehr strapazieren kann.

Dein blinder Fleck
Formale Vorgaben sind für dich keine Gesetze, sondern eher Kann-Regeln, die auch einmal ignoriert werden können, wenn sie deinen Ideenreichtum behindern. Du provozierst gerne bestehende Systeme und Regeln, wobei

deine Individualität in der Regel einen höheren Stellenwert als das Team hat. Zuweilen verlierst du dich in deinen Gedanken.

Wenn in deinem Team ein Erfinder fehlt ...
... werden neue Lösungen auf alten Wegen gesucht, es fehlt die innovative Kraft und das Team hat mit Denkblockaden zu kämpfen.

Spezialist

Als Spezialist lieferst du deinem Team zuverlässig alle erforderlichen und aktuellen Informationen sowie das Fachwissen deines Bereichs. Du bist der Tüftler, der sich in der Materie sehr gut auskennt und sich mit großem Engagement intensiv mit Details beschäftigt. Dein Team kann auf dich zählen und wendet sich gerne auf dich, wenn es um spezielle fachliche Fragestellungen geht.

Dein blinder Fleck
Du bist so intensiv mit deinem Fachgebiet beschäftigt, dass du zuweilen die Welt außerhalb deines Bereichs nicht mehr wahrnimmst und daher schon mal selbstbezogen wirken kannst. Auch verlierst du dich gerne in (technischen) Details, die für andere weniger relevant sind.

Wenn in deinem Team ein Spezialist fehlt ...,
... dann fehlt das fundierte Fachwissen und damit die Möglichkeit, bestimmte Probleme und Fragestellungen anzugehen. In diesem Fall muss das Team auf externe Spezialisten oder Quellen zurückgreifen, was die Abläufe verzögert und zu Unsicherheiten führen kann.

Beobachter

Gehörst du zu den Beobachtern, dann untersuchst du Ideen, die andere liefern, pragmatisch auf ihre Machbarkeit und Umsetzbarkeit. Dabei verlierst du nie die Bodenhaftung, sondern bist klug, zäh, strategisch und nüchtern. Indem du mögliche Probleme vorwegnimmst und analysierst, schützt du die Gruppe vor vorschnellen und riskanten Entscheidungen.

Dein blinder Fleck
Da du bevorzugt den Fokus auf die Probleme statt auf die Lösungen legst, wirkst du wenig inspirierend und motivierend. Andere fühlen sich durch deine nüchternen und kritischen »Kaltduschen« schon mal ausgebremst, insbesondere die Kreativen oder die Macher im Team.

Wenn in deinem Team ein Beobachter fehlt …,
… neigt ihr dazu, eure Vorhaben und Projekte nicht gründlich genug zu prüfen, was vor allem bei euphorischer Teamstimmung zu riskanten und unüberlegten Entscheidungen führen kann.

Kommunikationsorientierte Rollen

Weichensteller

Als Weichensteller sind deine Kontaktfreude und Kommunikationsfähigkeit deine größten Stärken. Du bist mit vielen Menschen und Abteilungen vernetzt und pflegst deine Außenkontakte. Benötigt dein Team externe Unterstützung, dann bist du stets der richtige Ansprechpartner, da du mit Sicherheit jemanden kennst, der bei der Lösung des Problems behilflich sein kann. Du bist enthusiastisch und neugierig und bringst viele gute Ideen ein. Aufgrund deines umfassenden Netzwerkes bist du in der Lage, das Team nach den Bedürfnissen externer Schnittstellen auszurichten.

Dein blinder Fleck
Dein Optimismus ist manchmal größer als die Realität. Wenn etwas nicht so läuft wie geplant, verlierst du schnell das Interesse und wendest dich anderen Projekten zu.

Wenn in deinem Team ein Weichensteller fehlt …,
… kann es passieren, dass ihr quasi »im eigenen Saft« schmort, da ihr zu wenig Kontakt zu anderen pflegt und es euch am Marketing in eigener Sache fehlt.

Teamarbeiter

Als Teamarbeiter sorgst du für den Zusammenhalt im Team. Die Harmonie der Gruppe hat für dich oberste Priorität; gerne organisierst du gemeinsame Team-Events. Du bist der beständige und kooperative Helfer im Hintergrund, der die Kommunikation verbessert, Reibung und Konflikt verhindert und aus einer Gruppe von Einzelindividuen erst ein Team gestaltet. Du registriert sehr leicht untergründige emotionale Strömungen, wirkst als beständige Kraft gegen Spaltungen und Frustration und bist die gute Seele des Teams.

Dein blinder Fleck
In Konflikten bist du eher zurückhaltend und in kritischen Situationen wirkst du zuweilen wenig durchsetzungs- und entscheidungsstark.

Wenn in deinem Team ein Teamarbeiter fehlt …,
… ist das Wir-Gefühl und der Zusammenhalt im Team nicht sehr ausgeprägt, die Arbeitsbedingungen sind eher lieblos. Gemeinsame Aktivitäten außerhalb der Arbeitswelt finden kaum statt.

Koordinator

Als Koordinator bist du der Leitwolf der Gruppe. Du bist ein strategischer Denker, betrachtest die Dinge mit Weitblick und behältst das große Ganze im Auge. Deine zentrale Aufgabe besteht darin, eine gute Balance zwischen Zielen, Zeit und Ressourcen im Auge zu haben und steuernd einzugreifen, falls etwas aus dem Ruder läuft. In einer positiven Rolle bist du der ideale Teamleiter – ruhig, sicher, kontrolliert. Du förderst Entscheidungen und verstärkst gute Ideen, ohne beherrschen zu wollen.

Dein blinder Fleck
Übst du die Leitungsrolle nicht reflektiert aus, kannst du von deinem Team als dominant oder manipulierend empfunden werden. Als Koordinator kannst (und musst) du fachlich nicht alles so genau wissen wie deine Spezialisten. Manche Koordinatoren haben dennoch diesen Anspruch und delegieren zu wenig. Das schwächt jedoch ihre Position als Leiter.

Wenn in deinem Team ein Koordinator fehlt (oder die Position schwach besetzt ist) …,
… sind die Teammitglieder orientierungslos, es herrscht ständiger Klärungsbedarf in der Zusammenarbeit, und es kommt immer wieder zu offenen und heimlichen Machtkämpfen.

TIPPS FÜR DEINE FÜHRUNGSPRAXIS

Die Teamrollen beschreiben wesentliche Elemente, die für ein erfolgreiches Team wichtig sind. Dabei gibt es selten DEN Perfektionisten oder DEN Weichensteller; in der Regel verfügen deine Mitarbeiter verstärkt über bestimmte Stärken, die eher einer Rolle zuzuordnen sind, während ihnen die Qualitäten anderer Rollen fehlen. Vielleicht hast du auch festgestellt, dass du selbst mehr als eine Rolle einnehmen kannst oder dass der Leitwolf in bestimmten Situationen auch einmal in der zweiten Reihe laufen kann. Als Leader besteht eine wichtige Aufgabe darin, das Verständnis der einzelnen Rollen füreinander zu stärken. Das Teamrollen-Modell hilft dir dabei, ein Team ideal zusammenzustellen beziehungsweise zu erkennen, welche Rollenanteile in einem Team noch fehlen.

Bei der Teamzusammenstellung solltest du Wert auf Heterogenität legen und die Stärken eines jeden hervorheben. Der entscheidende Erfolgsfaktor ist die Sozialkompetenz des Teams. Wenn eine Gruppe gelernt hat, wertschätzend miteinander zu kommunizieren, sich zu respektieren und gemeinsam Probleme zu lösen, bildet sie viel schneller eine Struktur aus, in der alle produktiv zusammenarbeiten und an einem Strang ziehen. Für dich als Natural Leader bedeutet das, durch Teamentwicklungsmaßnahmen und zielgerichtete Kommunikation die Bereitschaft zur Selbstreflexion in deinem Team zu fördern. Wenn deine Mitarbeiter erkennen, dass jeder wertvoll und die Summe aller Fähigkeiten und Stärken verantwortlich für den Gesamterfolg ist, dann können alle ergänzend aufeinander zugehen, die Anzahl der Konflikte wird sich deutlich reduzieren und die Produktivität wird zunehmen.

Übrigens: Es lohnt sich, immer wieder einmal neue Talente ins Unternehmen zu holen – auch die Natur frischt immer wieder ihren Genpool auf und ist damit höchst erfolgreich.

Warum Teamarbeit nicht immer von Vorteil ist

Ein echtes Team, in dem alle Mitglieder miteinander kommunizieren und für den Erfolg einer Aufgabe gemeinsam verantwortlich sind, macht in vielen Arbeitsbereichen Sinn – aber eben nicht in allen. In manchen Berufsfeldern arbeiten die Mitarbeiter auch nebeneinander her, ohne großen Abstimmungsbedarf zu haben. Man spricht dann auch nicht von einem Team, sondern von einer Gruppe. Das kann ein großes Callcenter sein, oder die Housekeeping-Mannschaft eines großen Hotelkomplexes, oder die Mitarbeiter eines Freizeitparks. Diese müssen ihre einzelnen Aktivitäten zwar miteinander abstimmen, arbeiten aber nicht als Team zusammen. In diesem Fall wäre es wenig zielführend, ein Team nach Rollen zu besetzen und zu entwickeln. Denn Teamentwicklung ist zeitintensiv und kostet Geld. Die Natur hat jedoch auch hilfreiche Vorgehensweisen für den Fall entwickelt, dass du einen komplexen Verbund von Mitarbeitern zu führen hast. Das perfekte natürliche Vorbild ist der Schwarm.

Eine große Gruppe intelligent steuern: das Schwarm-Prinzip

Ein Heringsschwarm ist ein imposantes Phänomen. Manche Schwärme bestehen aus Millionen Fischen, die im Wasser herrlich schimmern und eine Fläche bis zur Größe Manhattans erreichen können. Dicht an dicht schwimmen die Heringe nebeneinander, ohne jemals zusammenzustoßen oder aneinanderzugeraten. Das wilde Gewimmel und die Richtungsänderungen, die der gesamte Schwarm wie ein einziger Organismus auf geheimnisvolle Weise vollbringt, irritiert die Fressfeinde der Heringe und erschwert ihnen den Beutefang. Das ist auch der Grund, weshalb die Fische sich zusammentun: Im Schwarm ist das Risiko für den Einzelnen, gefressen zu werden, deutlich geringer. Taucht plötzlich ein Raubfisch auf, reagiert der gesamte Schwarm blitzschnell und weicht der Gefahr aus. Doch wie funktioniert das Ganze, wenn es keinen Trainer, keinen Kapitän, keine festen Positionen und keine Rangordnung gibt? Wieso stoßen die Heringe nicht zusammen, und wer oder was steuert die Synchronizität ihrer Bewegungen?

Das Geheimnis des Schwarms ist das Prinzip der Selbstorganisation. Und das ist gar nicht so kompliziert. Denn niemand muss den Fischen sagen, was sie zu tun haben. Ein einzelner Fisch braucht auch keinen Überblick über den Gesamtschwarm. Er orientiert sich einfach an seinen Nachbarn. Das ist viel einfacher, als wenn ein Chef-Hering versuchen wollte, bei einer Gefahrenlage Millionen von Fischen zu erklären, was sie nun zu tun haben. Wenn aber alle Heringe nahezu gleichzeitig das Gleiche tun, entsteht eine Ordnung. So wie eine Reihe Dominosteine, die präzise umfällt, sobald sie an einer Stelle gestartet wurde. Damit das funktioniert, sind die Heringe mit einem speziellen Organ ausgestattet, wodurch sie die vom Nachbarn verursachten Druckschwankungen exakt registrieren können. So können sie die Entfernung voneinander und die Geschwindigkeit des Schwarms erfassen. Damit die Fische sich in der Gesamtheit wie ein einziger lebender Organismus verhalten können, braucht es zusätzlich noch einige wenige Regeln[20], die alle Mitglieder verinnerlicht haben:

- Nie weniger Abstand einhalten als ein Drittel der Körperlänge!
- Durchschnittliche Entfernung zum Nachbarn: eine Körperlänge!
- Schwimme genauso schnell und in die gleiche Richtung wie dein nächster Nachbar!

In einem Schwarm kommt es häufig auch vor, dass ein einzelnes Tier die gesamte Gruppe steuert, nur weil es aus der Ordnung ausbricht und alle anderen ihm folgen. Auch in Vogelschwärmen lässt sich dieses Verhalten beobachten. Das ist keine Regelwidrigkeit. Heringe scheren nämlich aus, wenn sie plötzlich eine Nahrungsquelle oder eine Gefahr entdecken. Der Grund hierfür sind zwei weitere Regeln, die zu den Abstandsregeln hinzukommen:

- Findest du Nahrung: Hinschwimmen!
- Droht Gefahr: Wegschwimmen!

Das Geheimnis der Schwarmintelligenz sind daher wenige, einfache Regeln, die alle Mitglieder verinnerlicht haben.

Wenn du als Leader eine eher lose verbundene Gruppe von Mitarbeitern führen sollst, die nicht in festen Strukturen arbeiten, kannst du von diesem Prinzip profitieren. Es gibt hier keine Hierarchien, kein gemeinsames Projekt, und die Mitglieder sind mehr oder weniger austauschbar. Das muss kein Nachteil sein, da eben nicht für jede Aufgabe echte Teamarbeit Sinn ergibt. Entscheidend für den Erfolg ist, dass es einige clevere Regeln gibt, die allen bekannt sind. Es genügt, diese zu kennen, um mitzuarbeiten. Selbst wenn einige aus der Gruppe ausfallen, funktioniert das Ganze dennoch.

Bei standardisierten Prozessen kannst du dir die Vorgehensweise des Schwarms zunutze machen. Die meisten Menschen folgen ohnehin gerne Regeln, da sie ihnen eine gewisse Orientierung geben. In einem Callcenter könnte ein solcher Regelsatz vereinfacht folgendermaßen lauten: Kannst du das Problem eines Kunden nicht lösen, verbinde an Abteilung x. Erreichst du dort niemanden, vereinbare einen Rückruf. Beschwert sich ein Kunde und möchte weitergeleitet werden, schalte y ein.

In der Praxis funktioniert das Ganze natürlich nicht ganz so perfekt wie in der Natur, da die komplexe Selbstorganisation eines Schwarms sich über Millionen Jahre durch Versuch und Irrtum entwickelt hat. Die Steuerung einer großen Gruppe lässt sich daher nicht mal eben so schnell planen, sie muss sich ebenfalls organisch entwickeln. Das muss zwar keine Million Jahre dauern, du solltest aber dabei agil vorgehen und zunächst nur einige wenige Regeln ausprobieren, die Umsetzung überprüfen, Feedback einholen, das Ganze mithilfe der Mitarbeiter immer wieder optimieren – Überraschungen inklusive.

Nicht alles ist planbar

Vielleicht hast du sogar schon einige Versuche unternommen, dein »optimales« Team zusammenzustellen? Und vielleicht hast du dich dann gewundert, weil alles sich ganz anders entwickelt hat als geplant? Ich kann dich beruhigen: In der Natur ist das der Normalzustand.

Ein loser Verbund einzelner, weniger Tiere mag sich ungeordnet verhalten. Kommt jedoch nur ein einziges Tier hinzu, bilden sich plötzlich Muster und Strukturen – wie beim Heringsschwarm oder einer Kolonie Ameisen. Dieser geheimnisvolle Prozess der Selbstorganisation findet auch in einem

Team statt. Agieren Menschen gemeinsam als Gruppe, so entwickelt sich auch hier nach einer Weile eine bestimmte Ordnung. Diese basiert auf ungeschriebenen Regeln und beeinflusst Zusammenarbeit, Kommunikation, Klima und Produktivität. Manchmal ist diese rätselhafte Struktur – man könnte sie auch Kultur nennen – so stabil, dass sie über Jahre hinweg besteht und sogar noch weiterexistiert, obwohl bereits alle Mitglieder ausgetauscht wurden. Diese Entwicklung geschieht im System, sie lässt sich von außen nicht immer planvoll steuern und kontrollieren.

Als Leader hast du jedoch die Chance, mit den Effekten der Selbstorganisation bewusst umzugehen und diese innerhalb gewisser Grenzen zu gestalten – also mit ihnen zu arbeiten und nicht gegen sie. Dabei gilt es, entspannt zu bleiben, denn nicht alles ist vorhersehbar! In komplexen Systemen braucht es manchmal ein gewisses Maß an Unordnung, damit sich eine Ordnung herausbilden kann. Dabei ist es jedoch die Konstellation, die eine Veränderung im Team bewirkt, und weniger das planvolle Vorgehen. Auch wenn du der Meinung sein solltest, dass Mitarbeiter X als Umsetzer hervorragend in dein Team passen würde, kann der beabsichtigte Effekt ausbleiben. Vielleicht ist das Klima hinterher ein völlig anderes, und das Team entzweit sich. Oder die unauffällige Kollegin Y, die eigentlich nur kurzfristig bei euch aushelfen sollte, motiviert das ganze Team derart, dass plötzlich alle viel produktiver und kreativer sind. Diese unvorhergesehenen Effekte sowie die Erkenntnis, dass manche Prozesse eine Eigendynamik entwickeln, machen den Prozess der Teamentwicklung zu einer spannenden und lehrreichen Erfahrung!

Dein Natural Leadership Canvas: Feld 6

Nun geht es darum, deine Erkenntnisse dieses Kapitels zu nutzen, um das nächste Feld auszufüllen. Folgende Reflexionsfragen helfen dir dabei:

Meine Grundsätze zur Teambildung und Führung

Durch welche Charaktereigenschaft/-en möchte ich Vorbild für meine Mitarbeiter sein?

____

____

Was möchte ich künftig bei der Teambildung und -führung beachten?

____

____

Was tue ich konkret, um motivierende Arbeitsbedingungen zu schaffen?

____

____

Betrachte nun einmal dein Team oder die Einheit, in der du arbeitest:

Welche Rolle oder welche Rollen nehme ich bevorzugt in (m)einem Team ein?

____

____

Welche Stärken bringe ich dafür mit?

____

____

Welche Rolle im Team würde mich besonders gut ergänzen? (Hier geht es nicht um deine Schwächen – niemand muss alles können – sondern darum, mit wem du optimal zusammenarbeiten kannst)

___

___

Welche Rollen haben wir im Team bereits besetzt?

___

___

Welche fehlt oder fehlen uns noch?

___

___

Woran mache ich das fest?

___

___

Übertrage eine Zusammenfassung deiner wichtigsten Antworten und gegebenenfalls weitere Erkenntnisse und Ideen zu diesem Kapitel auf das Blatt mit dem Wolf (siehe QR-Code).

Prinzip 7:
Die Affenhorde – Konflikte lösen, ohne zu kämpfen

»Jeder erlebt schließlich nur einen Konflikt im Leben, der sich nur immer anders vermummt und anderswo heraustritt.«

Rainer Maria Rilke

Hand aufs Herz: Magst du Konflikte? Vermutlich nicht – damit bist du nicht alleine, denn die wenigsten Menschen können Auseinandersetzungen etwas Positives abgewinnen. Dabei sind Konflikte nicht zwangsläufig zerstörerisch und auch nicht grundsätzlich negativ zu bewerten. Im Gegenteil, sie sind eine notwendige und unvermeidbare Begleiterscheinung, wenn Menschen mit all ihrer Unterschiedlichkeit zusammenleben beziehungsweise -arbeiten. Dass das nicht nur bei uns so ist, zeigt die Natur: Auch hier finden ständig Auseinandersetzungen statt, die für die Wiederherstellung oder den Erhalt des natürlichen Gleichgewichts sorgen. Eine Natur ohne Konflikte könnte sich auch gar nicht erneuern! Wenn du Konflikte ernst nimmst und als Chance begreifst, so bewirken sie Veränderung und Wandel. Denn ein Unternehmen völlig ohne Konflikte wäre ein ziemlich totes Unternehmen.

Konflikte sind also etwas Natürliches. Dennoch braucht es gute Strategien, um damit zielführend umzugehen. Die Natur kann es sich schlichtweg nicht leisten, Konflikte eskalieren zu lassen, denn dadurch würde ihr oberstes Ziel, das Überleben, bedroht. Und auch bei uns gilt: Werden Konflikte ignoriert oder bagatellisiert, können sie eine Abteilung oder gar ein ganzes

Unternehmen lähmen, da alle Energie nur noch in den Konflikt fließt. Damit du schwierige Klippen souverän umschiffen kannst, wirst du in diesem Kapitel deinen eigenen Kompass entwickeln, der dir die Navigation im Meer der Konflikte vereinfacht. Konfliktlösung ist kein Hexenwerk, sondern sogar recht einfach. Alles, was dafür notwendig ist, ist in der Natur schon vorhanden! In diesem Kapitel erhältst du eine Landkarte deiner »inneren Klippen« sowie ein wenig Handwerkszeug. Der Rest ist innere Einstellung – und Übung!

Professionelles Konfliktmanagement in der Affenhorde

Die Natur kennt viele clevere Konfliktlösungsstrategien. Besonders gut lassen sich diese in einer Affenhorde beobachten. Bei den meisten Affenarten sind nämlich Auseinandersetzungen um Nahrung, Paarung oder die Rangfolge an der Tagesordnung. Auch wenn diese Konflikte durchaus nützlich sein können, um für klare Verhältnisse zu sorgen, bergen sie dennoch für die Gruppe als Ganzes ein Risiko: Eine heillos zerstrittene Affenhorde hätte in der freien Natur keine Überlebenschance. Damit das nicht passiert und die Gruppe überlebt, setzen die Affen – je nach Gattung – auf feste Regeln, das Beschwichtigen des Gegners, Versöhnungsrituale und sogar das Einschalten von Vermittlern!

Klare Regeln bei den Pavianen

Kreischen, Schreien, Zetern – wer schon einmal im Zoo eine Horde Paviane auf ihrem Affenfelsen beobachten konnte, gewinnt schnell den Eindruck, dass die Tiere den ganzen Tag damit beschäftigt sind, sich lautstark zu streiten. Mal ist es eine Gruppe, die ein einzelnes Tier jagt. Mal sind es Jungtiere, die sich gegenseitig am Schwanz ziehen und sich so lange balgen, bis einer von ihnen laut protestierend bei einem alten Pavian Schutz sucht. Auch in freier Wildbahn machen die Paviane ein unüberhörbares und für uns grundlos und chaotisch anmutendes Affentheater.

Doch dieser Eindruck täuscht. Das Durcheinander ist nämlich weder grundlos noch ungeordnet. Bei den Mantelpavianen beispielsweise ist die

Größe der Gruppe zugleich ihr bester Schutz, da sie auf Feinde abschreckend wirkt. In der Nacht teilt sich daher eine große Horde von mehr als hundert Tieren einen relativ kleinen Schlaffelsen oder eine Klippe. Der Fels dient ihnen als Ausguck, um Raubtiere frühzeitig erspähen zu können. Man kann sich gut vorstellen, dass es ein gutes Konfliktmanagement braucht, wenn so viele lebhafte Affen auf engem Raum leben! Die Lösung der Paviane: eine Hierarchie mit fester Rangordnung und klaren Regeln des Zusammenlebens. Die Akzeptanz des Ranges in der Gruppe vermeidet Konflikte, denn die rangniederen Tiere geben oft nach. Bei den Mantelpavianen leitet jedes ausgewachsene Männchen eine Gruppe von Weibchen und Jungtieren und sorgt innerhalb seiner Gruppe für Ordnung. Bei Konflikten, die über die eigene Gruppe hinausgehen, bilden mehrere dieser Kleingruppen eine Bande, die zusammenhält. Kommt der Gegner jedoch von außen und die Horde wird von einem Raubtier oder einem fremden Affen angegriffen, sind sofort alle Streitigkeiten vergessen und alle halten zusammen! Auch unter den Anführern sind Streitigkeiten völlig normal. Dass es dabei nur bei Drohgebärden und lautem Geschrei bleibt, liegt an den gemeinsam akzeptierten Spielregeln. Einem Gegner in die Augen zu schauen, gilt als Provokation und wird daher vermieden. Ein Kräftemessen endet daher meist sehr schnell und ohne ernsthafte Verletzungen. Innerhalb der Gruppe genügt meist ein strenger Blick mit hochgezogener Augenbraue, um streitende Weibchen zur Ruhe zu bringen. Ernsthafte Sanktionen sind kaum nötig, da der Konflikt aufgrund der Position des Anführers schnell beigelegt wird.

Die Jungtiere lernen die Streitregeln der Gruppe schon sehr früh und erproben ihre Grenzen spielerisch. Sie klauen Futter, ziehen Spielkameraden am Fell oder Schwanz, jagen um den Affenfelsen und üben provozierende Blicke. Wird es einem zu viel, beginnt er laut zu schreien, und die anderen hören sofort auf – oder es kommt ihm ein Freund zu Hilfe.

Die Allerkleinsten bis zu zwei Monaten stehen unter dem Schutz der Gruppe und sind von allen Rangeleien ausgenommen. Deshalb spielen auch alle Affen jeden Alters so gerne mit den Babys – die Schonzeit gilt nämlich auch für die Babysitter!

Schimpansen setzen auf Vermittler

Der Schimpanse ist uns genetisch sehr ähnlich, denn unser Erbgut ist bis zu 99 Prozent identisch. Daher haben unsere tierischen Verwandten auch einige Gemeinsamkeiten mit uns Menschen. Sie streiten sich nämlich um alles Mögliche. Um Futter, um den Sexualpartner, um die Rangordnung oder um jede Menge sonstiger Angelegenheiten: Mal ist es Stress, mal die Tagesverfassung, mal sind es Konkurrenzkämpfe. Alles Dinge, die auch bei uns vorkommen. Doch wie lösen Schimpansen ihre Konflikte? Da wird es interessant, denn die Schimpansen haben ganz besondere Methoden entwickelt, um den Frieden in der Horde wiederherzustellen. Beschwichtigungsgesten wie Körperkontakte, Berührungen, Gähnen oder sonstige subtile Gesten tragen dazu bei, Spannungen zu reduzieren und Konflikte zu entschärfen. Genügt das nicht, und zwei Affen geraten in einen Streit, so sind sie mit diesem Konflikt nicht alleine, sondern stehen unter Beobachtung der übrigen Horde. Das bewirkt eine gewisse soziale Kontrolle, denn häufig greifen andere Affen vermittelnd ein oder legen den Kontrahenten nahe, ihren Streit beizulegen.

Eine beliebte Konfliktlösung ist die Einschaltung neutraler Dritter als Streitschlichter. Dabei können drei unterschiedliche Schlichter zum Einsatz kommen, die allesamt gar nicht am Konflikt beteiligt sind: Das können Freunde des Angreifers sein, die sich beim Opfer für die Tat entschuldigen und dadurch auf eine Versöhnung hinarbeiten. Oder der Freund des Angegriffenen kommt hinzu und tröstet das Opfer. Die emotionale Unterstützung nach einem Konflikt baut Stress ab und ermöglicht dem Betroffenen die Rückkehr und den normalen Umgang mit der Gruppe. Bei den Schimpansen kommen sogar professionelle Mediatoren zum Einsatz: neutrale Dritte, die sich einschalten, um Täter und Opfer wieder zusammenzubringen, zu versöhnen und dadurch das Problem zu lösen. Diese Vermittler sind jedoch nicht irgendwelche Affen, sondern sie bringen bestimmte Charaktereigenschaften mit: Es sind nicht unbedingt die stärksten Tiere, sondern diejenigen, die Zusammenhänge schnell erkennen können: angesehene Persönlichkeiten mit stabilem Charakter oder einem hohen Erfahrungsschatz. Das Geschlecht spielt dabei keine Rolle. Bei den Männchen sind es eher diejenigen, die bisher durch ihr bedachtes Vorgehen aufgefallen sind. Aber auch angesehene Weibchen in der Horde mischen sich zuweilen als Friedensstifter ein, um den Konflikt zu beenden, wenn die Streithähne dazu nicht selbst in der Lage zu sein scheinen. Das kann beispielsweise dadurch geschehen, dass sie bei einem der Konfliktgegner mit dem *Groomen*, der gegenseitigen Fellpflege beginnt – und durch diese Art der sozialen Zuwendung den Konflikt beilegt. Solche Versöhnungsrituale sorgen dafür, dass der Streit nicht erneut ausbricht.

Bonobos: die Pazifisten

Die im Kongo lebenden Bonobos sind zwar enge Verwandte der Schimpansen, zeigen aber ein deutlich anderes Konfliktverhalten. Während Schimpansen intensive Konflikte um die Rangfolge innerhalb der Horde austragen und ihre Reviergrenzen gegenüber benachbarten Gruppen aggressiv verteidigen, bevorzugen die Bonobos stets friedliche Konfliktlösungen – sowohl mit Artgleichen als auch mit Artfremden. Gewaltsame Auseinandersetzungen finden daher viel seltener statt. Das Erfolgsrezept der Bonobos: Sie sind tolerant, lieben Körperkontakt und teilen gerne – nicht nur mit Affen der eigenen Horde, sondern auch mit unbekannten Bonobos. Dabei tauschen die Affen nicht nur gerne Nahrung, sondern auch Streicheleinheiten: Streicheln, Kuscheln und Sex (auch mit fremden Bonobos und unter gleichgeschlechtlichen Partnern) tragen dazu bei, Spannungen abzubauen und Konflikte zu vermeiden. Die Bonobos gelten daher als die Hippies unter den Menschenaffen, da sie kaum Besitzansprüche stellen und für ein friedliches Miteinander lieber alles miteinander teilen. Um Streicheleinheiten zu bekommen, tauschen sie sogar mit unbekannten Bonobos ihr Futter! Durch ihr Motto »Kuscheln statt kämpfen« erschaffen diese Affen präventiv ein Umfeld, in dem Konflikte gar nicht erst auftauchen.

COACHING-TIPPS VON DER AFFENHORDE

Je nach Affenart sind Konfliktverhalten und Lösungsstrategien durchaus unterschiedlich. Manche Strategien kannst du direkt in deinen Führungsalltag übernehmen, andere brauchen zunächst eine »Übersetzung«. Denn sowohl die Dominanzhierarchie als auch die *»Make love, not war«*-Haltung der Bonobos lassen sich natürlich nicht eins zu ein an den Arbeitsplatz übertragen. Dennoch kannst du als Leader von der Affenhorde einiges über professionelles Konfliktmanagement lernen.

TIPP 1: Konflikte brauchen Spielregeln

Die Affenhorde hat eine beruhigende Botschaft: Konflikte gehören zum Leben. Sonst hätte die Evolution sie als Fehlversuch bewertet und verschwinden lassen. Die Affen haben lediglich gelernt, konstruktiv damit umzugehen. Was Konflikte in unserer menschlichen Welt häufig so zerstörerisch macht, ist unsere Unfähigkeit, diese angemessen zu lösen. Mal wieder ist unser Ego die Ursache dafür, weshalb in den Führungsetagen etlicher Unternehmen, aber auch in der Politik seit jeher die alte Regel der »Alpha-Menschen« umgesetzt wird: Niemals entschuldigen, niemals erklären. Würden die Affen so vorgehen – es gäbe sie schon längst nicht mehr! Die Primaten haben uns voraus, dass sie ihre Spielregeln im Konfliktfall verinnerlicht haben und konsequent anwenden. Ob Hierarchie, Unterwerfung, Beschwichtigung, Hilfe von außen oder intensive Versöhnungsrituale: Jeder Affe weiß, was es braucht, um einen Konflikt beizulegen und sich danach im wahrsten Sinne des Wortes wieder »in die Augen schauen« zu können. Wir können das auch – wenn wir es denn wollen.

Was für die Affen gilt, gilt auch für dein Team: Langfristig seid ihr produktiver, wenn ihr euch auf gemeinsame Regeln verständigt. Im letzten Kapitel habe ich bereits auf den Vorteil von Spielregeln bei der Teambildung hingewiesen. Diese werden im Konfliktfall immer wieder auch gebrochen und sollten daher regelmäßig überprüft werden. Insbesondere nach Konflikten solltest du dafür sorgen, dass eure Regeln im Hinblick auf ein erfolgreiches Konfliktmanagement ergänzt werden: Was hat uns geholfen, was hat uns blockiert? Wie können wir unsere Einstellung und unsere Kommunikation verändern, um Konflikte in Zukunft besser lösen zu können? Wie in der Natur auch braucht es eine gewisse Zeit, bis soziale Regeln zu einem Automatismus werden. Der regelmäßige Austausch ist dafür unbedingt erforderlich!

TIPP 2: Schaffe bereits präventiv ein positives Umfeld

Du hast keine ernsthaften Konflikte im Team? Wunderbar! Dennoch kannst du einiges dazu beitragen, dass das auch künftig so bleibt. Die Vorgehensweise der Bonobos, durch Kuscheln Streitigkeiten zu vermeiden, ist im Arbeitsalltag natürlich nicht praktikabel. In einem übertragenen Sinne kannst du das Erfolgsrezept der Hippie-Affen dennoch für dich nutzen. Bonobos leben deshalb so friedlich miteinander, da sie kaum Besitzansprüche geltend machen und sich durch soziale Interaktionen ein friedliches Umfeld schaffen. Auch in deinem Team trägt eine wertschätzende und freundliche Atmosphäre präventiv dazu bei, dass Konflikte gar nicht erst entstehen beziehungsweise es zu keiner Eskalation kommt. Schaffe daher stets ausreichend Raum für die Kommunikation von Bedürfnissen und offenes Feedback! Es ist normal, unterschiedlicher Meinung zu sein und darüber zu diskutieren. Streitigkeiten um Positionen, Ressourcen oder unterschiedliche Vorgehensweisen eskalieren meist dann, wenn für die Teammitglieder keine Möglichkeit besteht, die eigenen Wünsche und Bedürfnisse adäquat zu formulieren – oder wenn sie es nie gelernt haben.

TIPP 3: Greife selbst ein oder hole dir rechtzeitig Hilfe

Als Natural Leader ist es deine Aufgabe, ein arbeitsfähiges Klima herzustellen und zu erhalten. Wie in der Affenhorde auch solltest du sich anbahnende Streitigkeiten sorgfältig beobachten und dich rechtzeitig einschalten. Dabei kannst du – wie die Schimpansen auch – unterschiedliche Strategien verfolgen. Bleibe dabei jedoch stets realistisch! Es ist eine gute Sache, wenn du deine Mitarbeiter bei der Konfliktlösung unterstützen möchtest. Du bist aber nicht der »Konfliktlöser«! Das geht auch gar nicht, denn eine Lösung können die betroffenen Parteien nur selbst (ggf. mit entsprechender Unterstützung) finden.

Sind die Konfliktparteien noch in der Lage, miteinander zu kommunizieren, genügt es meist, auf eine eigenständige Lösung hinzuwirken. Bei verfahrenen Situationen, wenn sich bereits Grüppchen gebildet haben oder wenn du selbst beteiligte Konfliktpartei bist, ist es sinnvoll, einen externen Mediator oder Schlichter einzusetzen. Das Ergebnis des Klärungsprozesses muss von allen Konfliktparteien akzeptiert werden, weshalb du eine erfahrene und vor allem neutrale Person hinzubitten solltest.

Wird es unfair und du stellst fest, dass ein Teammitglied von einem oder mehreren Kollegen gemobbt wird, ist es als Führungskraft deine Pflicht, sofort einzugreifen und dir gegebenenfalls Hilfe zu holen.

TIPP 4: Nutze die versöhnende Kraft von Ritualen

Versöhnungsrituale sind nicht nur bei den Affen, sondern auch im menschlichen Miteinander ausgesprochen hilfreich, um einen geklärten Konflikt auch symbolisch zu beenden. Viele Konflikte schwelen jahrelang weiter, weil wir nicht in der Lage sind, einander aufrichtig zu vergeben. Rituale helfen dabei, wieder zur Tagesordnung überzugehen: Das kann ein Handschlag sein, eine gemeinsame Vereinbarung, die alle Beteiligten unterschreiben, oder ein gemeinsames Essen. Entscheidend ist, dass dieses Ritual und seine Bedeutung von allen akzeptiert wird!

Welche Konfliktarten gibt es?

Konflikte kannst du nicht nur mit anderen Personen, sondern auch mit dir selbst haben – man spricht dann von einem **intrapersonellen** Konflikt. Das passiert immer dann, wenn zwei unterschiedliche Sichtweisen in einer Person konkurrieren, zum Beispiel in Form eines Rollenkonfliktes. Als Leader hast du ja immer auch verschiedene Hüte auf: Du bist Führungskraft, musst aber vielleicht auch in der Rolle als Kollege, Freund, Betriebsrat, Ehepartner oder Elternteil agieren ... Ein Konflikt entsteht dann, wenn verschiedene Rollen mit gegensätzlichen Erwartungen verbunden sind oder du nicht sicher bist, in welcher Rolle du in einer bestimmten Situation handeln solltest. Wenn du dringend zu einem Gespräch in die Schule deines Sohnes musst und dein Chef an diesem Termin ein wichtiges Meeting angesetzt hast, kann das schon mal zu einem inneren Konflikt führen!

Intrapersonelle Konflikte haben auch ganz oft etwas mit deinen Werten zu tun: Wenn du beispielsweise die Strategie der Geschäftsleitung deines Unternehmens nicht mit deinen persönlichen Werten in Einklang bringen kannst, diese aber deinem Team gegenüber vertreten sollst, dann hast du ebenfalls einen intrapersonellen (Werte-)Konflikt.

Übrigens: Je klarer du deine eigenen Werte definiert hast (Prinzip 3), umso leichter wirst du solche Rollenkonflikte lösen können!

Sind in einem Konflikt zwei oder mehrere Personen betroffen, dann spricht man von einem **interpersonellen** Konflikt. Dabei kann es um unterschiedliche Ziele, Bedürfnisse, Interessen, Ressourcen, Erwartungen, Werte, Beziehungen oder auch Persönlichkeitseigenschaften gehen. Diese gilt es herauszufinden, wenn der Konflikt gelöst werden soll.

Konflikte können auch ganz woanders entstehen

Wenn wir davon ausgehen, dass Unternehmen lebendige Organismen und keine Maschinen sind, dann haben auch Konflikte ihre ganz eigene Logik. Sie folgen keinem rationalen Wenn-dann-Schema, sondern sind eine äußerst komplexe, in der Regel unplanbare und kaum zu kontrollierende Angelegenheit. In jedem Unternehmen tauchen auf geheimnisvolle Weise Konflikte auf, die sich auf den ersten Blick rational nicht erklären lassen. Plötzlich gehen Mitarbeiter aufeinander los, die immer gut zusammengearbeitet und persönlich auch gar nichts gegeneinander haben. Diese Konflikte werden zwar im zwischenmenschlichen Bereich ausgetragen, die Ursache scheint jedoch auf einer ganz anderen Ebene zu liegen. Schaut man dann genauer hin, stellt man fest, dass diese Konflikte – **strukturelle Konflikte** genannt – im System selbst entstehen, und zwar durch konkurrierende oder sich widersprechende Strukturen oder Arbeitsprozesse. Den Beteiligten ist meist gar nicht klar, dass der wahre Grund für ihre täglichen Reibereien ein struktureller Konflikt ist. Dabei blockieren diese Konflikte, wenn sie nicht erkannt und gelöst werden, wichtige Abläufe und Prozesse und können Unternehmen schleichend in eine existenzielle Krise bringen.

Vielleicht kommen dir die nachstehenden Situationen bekannt vor – sie sind typisch für die Entstehung struktureller Konflikte!

- Starre Arbeitsabläufe, die den Handlungsspielraum der Mitarbeiter einengen
- Unklare Festlegungen in Prozessen
- Schnittstellenkonflikte zwischen Abteilungen aufgrund mangelnder Definition von Aufgaben und Kompetenzen
- »Doppelspitze«, d. h. zwei Führungskräfte teilen sich eine Aufgabe und damit auch die Macht
- Unterschiedliche Vorgehensweisen, Werte und Prozesse nach Fusionen
- »Projektkultur« parallel zum Tagesgeschäft: mangelnde Definition von Kompetenzen, Uneinigkeit in den Zielen zwischen Projektteam und Fachbereich, unklare Projektaufgaben und Kampf um knappe Ressourcen
- »Politik«, Interessen und Macht (Personen und Arbeitsgruppen verfolgen ihre persönlichen Interessen)
- Uneinigkeit und unklare oder fehlende Strategievorgaben seitens der Geschäftsführung

Strukturelle Konflikte entstehen also sehr häufig, wenn Vorgaben unklar sind. Hier braucht es einen ganzheitlichen Ansatz und einen neutralen Blick »von außen« auf den Organismus des Unternehmens, seine Strukturen und Kommunikationsmuster auf der Führungsebene. Wenn der Konflikt auf einer höheren Ebene entstanden ist, können Gespräche mit den beteiligten Mitarbeitern zwar dazu beitragen, die Ursache zu klären. Gelöst werden muss der Konflikt dann aber an anderer Stelle – in der Regel braucht es hierfür die Bereitschaft der beteiligten Führungsebene oder eben auch der Geschäftsführung.

Der Konflikt-Eisberg: Worum es wirklich geht

Vordergründig mag es bei einem Konflikt um sachliche Entscheidungen gehen – es gibt eine »Sache«, um die gestritten wird. Die wahren Ursachen des Konfliktes befinden sich allerdings eine Ebene darunter – tatsächlich geht es immer um tiefer liegende Bedürfnisse, Werte und Glaubensmuster. Diese wahren Streitgründe sind den betroffenen Parteien meist gar nicht bewusst, oder aber sie werden sorgsam verborgen. Konflikte lassen sich daher gut als Eisberg visualisieren – nur die Spitze ragt über die Oberfläche, während all das, was wirklich bedeutend ist (und einem Schiff zum Verhängnis werden kann) unsichtbar ist.

Die Ursache eines Konfliktes liegt also auf einer tieferen, meist unbewussten Ebene. Um den Konflikt verstehen zu können, ist es daher erforderlich, unter den Eisberg zu tauchen und die wahren Beweggründe zu finden. Albert Einstein hat einmal gesagt, dass man Probleme niemals mit derselben Denkweise lösen kann, durch die sie entstanden sind. Dasselbe trifft auf Konflikte zu: Du kannst einen Konflikt nie auf der gleichen Ebene lösen, auf der er entstanden ist beziehungsweise ausgetragen wird! Nur wenn den Beteiligten klar wird, welche Interessen, Werte, Ziele, Wünsche und Bedürfnisse sie haben, wird eine Lösung möglich.

Wie kommst du als Leader zu den wahren Gründen?

Im Grunde musst du nur die richtigen Fragen stellen, um die Ursachen eines Konfliktes zu ergründen. Es geht bei einem Konflikt niemals darum, wer Schuld hat oder den Konflikt begonnen hat. Auf Hawaii sagt man: *Kein Konflikt kann ohne deine Teilnahme überleben.* Da ist viel Wahres dran, denn jeder, der an einem Konflikt beteiligt ist, trägt ein unausgesprochenes Bedürfnis, einen Wert, ein Interesse oder einen unbearbeiteten Glaubenssatz in sich, der in dem Konflikt getriggert wird – sonst wäre da nämlich überhaupt kein Konflikt!

Für dich als Leader ist es daher ganz besonders wichtig, deine *Triggerpunkte* gut zu kennen und stets zu reflektieren, was der Konflikt, der sich in deinem Team oder mit einer anderen Person auftut, eigentlich mit dir selbst zu tun hat!

In der Grafik siehst du, worum es bei Konflikten wirklich geht.

Abb. 8 Konflikt-Eisberg (eigene Darstellung)

In dem riesigen, unbewussten Teil des Eisbergs schlummert also eine ganze Menge Konfliktpotenzial. Glaubenssätze sind alte Muster und Programmierungen, die häufig bereits in der Kindheit entstehen. Das können Werte sein, die schon im Elternhaus wichtig waren, frühe Erfahrungen aus der Kindheit oder Erwartungen, die deine Eltern oder andere Bezugspersonen an dich hatten. Werden diese Muster nicht reflektiert und erkannt, zeigen sie sich immer wieder in Situationen im Außen – als Konflikte, die du mit anderen oder in bestimmten Situationen mit dir selbst hast. Erst wenn du ein solches Muster bei dir selbst bearbeitet hast, wird es in deinem Leben nicht mehr auftauchen.

Typische Glaubenssätze sind zum Beispiel:

- Ich muss stark sein.
- Ich muss immer alles unter Kontrolle haben.
- Man darf sich selbst nicht so wichtig nehmen.
- Ich bin immer der Dumme.
- Ich muss perfekt sein.
- Das Leben ist kein Ponyhof.
- ...

Wenn du als Leader die innere Überzeugung hast, dass du nur dann überlebst, wenn du immer stark bist, wird dir das Leben eine ganze Menge Konfliktsituationen in Form von Machtkämpfen bescheren. Es wird dir auch nichts nutzen, deine Gegner der Reihe nach auszuschalten – du wirst dein ganzes Leben lang kämpfen, solange dir nicht bewusst ist, dass dein Außen nur der Spiegel deiner inneren Welt ist. Mehr noch: Solange dieser Satz in dir aktiv ist, wirst du eine Abneigung gegen alle haben, die dir schwach erscheinen, und dein eigenes Problem dort im Außen bekämpfen.

Wenn du dagegen als Leader der inneren Überzeugung bist, dass Konflikte etwas Schlechtes sind und man sich daher möglichst heraushalten sollte, wird dich das Leben ebenfalls mit vielen Konflikten unangenehm überraschen. Konflikte in deinem Umfeld werden eskalieren, du wirst mit der Forderung konfrontiert werden, endlich einzugreifen, oder ein anderer übernimmt diese Rolle an deiner Stelle, was zu weiteren Konflikten führt. Vermutlich findest du Personen, die sehr direkt sind und dadurch auch mal einen Konflikt provozieren, als sehr unangenehme Zeitgenossen, da sie dir einen Spiegel vorhalten. Auch hier gilt: Du wirst erst dann ein ruhigeres Leben haben, wenn du dich mit der Ursache deines Konfliktmusters beschäftigst – und dieses durch ein anderes Programm ersetzt!

DIE AGGRESSIVE BACHSTELZE

Eine Freundin erzählte mir neulich eine Geschichte: Im Frühjahr brütete ein Bachstelzenpärchen in ihrem Garten. Was sehr merkwürdig war: Das Bachstelzenmännchen erschien jeden Morgen an ihrem Fenster und flog regelrechte Kamikazeangriffe gegen die Fensterscheibe. Das dauerte manchmal eine ganze Stunde lang und sie machte sich wirklich ernsthafte Sorgen, ob der kleine Vogel sich dabei nicht verletzen könne. Das Verhalten war ihr völlig rätselhaft! Am nächsten Morgen war die Bachstelze wieder da und flog erneut unermüdlich gegen die Scheibe, die an dieser Stelle bereits deutliche Spuren der Attacken zeigte. Da sie nicht wusste, was die Bachstelze von ihr wollte und sie dem Vogel helfen wollte, recherchierte sie und fand heraus, dass Bachstelzen sogenannte »Spiegelkämpfer« sind. Während der Brut steigt der Hormonspiegel stark an und dann vermuten die Männchen überall Konkurrenten – sogar in ihrem eigenen Spiegelbild! Die Bachstelze hatte ihr Abbild in der Glasscheibe gesehen, sich jedoch nicht erkannt, einen vermeintlichen Gegner vermutet und diesen – völlig sinnlos – attackiert. Nachdem sie die Scheibe abgedeckt hatte, war der ganze Spuk vorbei.

Ich finde, das ist ein schönes Bild, denn es zeigt, dass in uns allen – Männern wie Frauen gleichermaßen – ein Spiegelkämpfer steckt! Wie oft attackieren wir einen vermeintlichen Gegner, weil wir vermuten, dass dieser uns – aus welchen Gründen auch immer – nicht wohlgesonnen ist. Doch das, was wir da angreifen, beschimpfen oder einfach nur unmöglich finden, ist unser eigener »Schatten«, unser Spiegel – ein unerledigtes Thema, welches wir an uns selbst nicht erkennen (wollen) und es dadurch im Außen bekämpfen …

Selbstreflexion: Wie gehe ich mit Konflikten um?

Konflikte sind immer eine sehr persönliche Angelegenheit. Und jeder hat seinen eigenen, typischen **Konfliktstil**! Es ist sehr hilfreich, wenn sich die Mitglieder deines Teams einmal von dieser Seite kennenlernen: Wie streiten wir eigentlich? Was sind unsere bevorzugten Konfliktlösungen? Welche Überzeugungen stecken dahinter und wie können wir die Vielfalt der Konfliktstile konstruktiv nutzen?

Wenn du mit deinem Team produktiv Konflikte lösen möchtest, ist es essenziell, dass du dich zunächst mit dir selbst beschäftigst und deinen eigenen Konfliktstil kennenlernst. Wenn ihr als Team bereits vertrauensvoll zusammenarbeitet, könnt ihr euch die jeweiligen Konfliktstile auch gemeinsam anschauen!

I. Selbstcheck

Dieser kleine Selbstcheck bietet dir eine erste Orientierung. Die folgende Liste enthält eine Reihe von Aussagen. Markiere alle Aussagen, die von dir stammen könnten oder die deine beruflichen Denk- und Verhaltensweisen am ehesten beschreiben. Wenn du magst, kannst den Test anschließend noch einmal für dein privates Umfeld ausfüllen – es kann durchaus sein, dass sich dann Unterschiede im Konfliktverhalten ergeben!

Diskussionen und die Lösung von Problemen schiebe ich ganz gerne auf.	V
Man sollte auch mal nachgeben können.	N
Das, was mir wichtig ist, setze ich meist voll durch – oder versuche es zumindest.	D
Mir ist selten ein Anliegen so wichtig, dass ich dafür einen Konflikt riskieren würde.	N
Ich gebe schon mal nach in der Hoffnung, dass dann auch der andere nachgibt.	K
Meist benenne ich das Problem konkret und schlage dann ein Gespräch vor.	P
In einem Konflikt kann es schon mal vorkommen, dass ich mit der generischen Partei nicht mehr rede.	D
Mein Motto: Abwarten und Tee trinken, denn manche Probleme lösen sich von selbst.	V
Am Ende müssen alle zufrieden sein – das ist mir wichtig.	P
In Konflikten schlage ich schon mal vor, dass wir uns in der Mitte treffen.	K
Bevor es richtig ungemütlich wird, gebe ich lieber nach.	N
Ich bin immer dabei, wenn es darum geht, ein Problem auszudiskutieren.	P
Manchmal ist es besser, eigene Interessen nicht weiterzuverfolgen.	V
Manchmal werde ich so wütend, dass ich die andere Konfliktpartei beschuldige.	D
Ich würde lieber nachgeben, anstatt die Beziehung zu anderen zu gefährden.	N
Ich setze mich mit allen gemeinsam so lange hin, bis die Sache geklärt ist.	P
Bei Konflikten bevorzuge ich pragmatische Lösungen: Wenn jeder seine Ansprüche etwas zurückstellt, können alle weiterarbeiten.	K
Wenn ich über einen Konflikt nicht sprechen möchte, zeige ich das deutlich.	V
Wenn in einem Konflikt jeder ein wenig nachgibt, ist schon viel erreicht	K
In einer Auseinandersetzung zeige ich gerne Stärke.	D
Bei unterschiedlichen Ansichten ist der Spatz in der Hand oft besser als die Taube auf dem Dach.	K
Mir ist ein harmonisches Umfeld wichtig, dafür nehme ich mich gerne auch mal zurück.	N
Mir sind laute Auseinandersetzungen wirklich unangenehm, daher mache ich ganz gerne einen Bogen darum.	V
Da subjektiv gesehen jeder recht hat, lässt sich mit etwas gutem Willen immer eine Lösung finden, die alle mittragen.	P
In Konflikten möchte ich schon der Gewinner sein	D

Tab. 2: Selbstcheck – Umgang mit Konflikten

II. Auswertung

Nun zähle aus, wie oft du welchen Buchstaben angekreuzt hast:

D:	V:	N:	P:	K:

III. Auflösung deines Selbstchecks: das Thomas-Kilmann-Modell

Die Basis dieses kleinen Tests ist das Thomas-Kilmann-Modell[21] der Konfliktlösung, welches auf fünf Konfliktstilen basiert.

D = Durchsetzung, Kampf, Zwang
V = Vermeidung, Flucht, Rückzug
N = Nachgeben, Verzicht, Beschwichtigung, Harmonieerhalt
P = Problemlösung, Konsens, Kooperation, Win-win-Situation
K = Kompromiss (jeder verzichtet zugunsten einer Lösung des Problems auf einen Teil seiner Forderungen)

Natürlich sind Mischformen der einzelnen Stile jederzeit möglich! Darauf weisen zum Beispiel ähnlich hohe Werte bei verschiedenen Konfliktstile hin. Wenn du bei zwei Konfliktstilen ähnlich hohe Punktwerte hast, dann solltest du dir beide Verhaltensweisen anschauen.

Nachstehend erhältst du eine grafische Darstellung der Konfliktstile. Das Thomas-Kilmann-Modell der Konfliktlösung basiert auf zwei entscheidenden Dimensionen: dem Durchsetzungsvermögen (Orientierung an den eigenen Bedürfnissen) und dem Kooperationswillen (Orientierung an den Bedürfnissen anderer). Dadurch entsteht eine Matrix aus vier Feldern sowie einem Mittelfeld, welches die mittlere Ausprägung der beiden Dimensionen darstellt. Jedes dieser Felder steht für einen typischen Konfliktstil!

Ich verwende bei diesem Modell gerne Tiere zur Visualisierung, denn viele »Tiertypen« haben eine mythologische Bedeutung und repräsentieren dadurch einen Konfliktstil besonders gut!

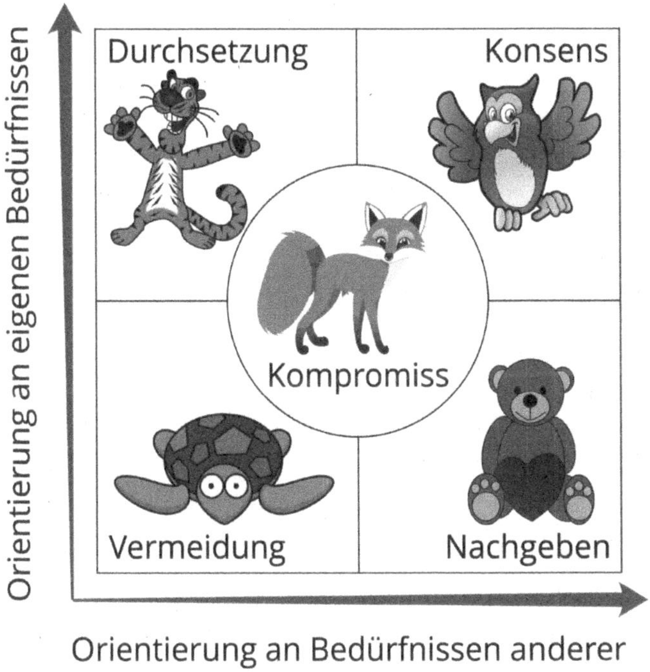

Abb. 9 Das Thomas-Kilmann-Modell der Konfliktlösung

Durchsetzung: der harte Kämpfer (Tiger)

Als **harter Kämpfer** kommt es dir vor allem darauf an, deine Interessen durchzusetzen: Ich gewinne und du verlierst. Deine Strategie zur Umsetzung dieser Lösung ist der Kampf: Du willst konkurrieren und dominieren! Harte Kämpfer sind die Alphatiere im Team, in einem Leadership-Team können die Machtkämpfe daher schon mal eskalieren. Wenn du einen harten Kämpfer im Team hast, wird dieser am ehesten kooperieren, wenn er erlebt, dass Kooperation zu besseren Lösungen für alle führt (und der Kämpfer damit auch gewinnt). Als harter Kämpfer kommst du besonders gut in einem Umfeld zurecht, in dem dein Arbeitsbereich klar abgesteckt ist und in dem du weitgehend eigenständig entscheiden kannst. Deine Stärken spielst du aus, wenn es darum geht, mutige und schnelle Entscheidungen zu treffen. Bist du als Leader ein harter Kämpfer, wirst du diese Rolle vermutlich häufiger übernehmen. Im »unkritischen« Alltag ist jedoch eher Zurückhaltung angebracht!

Typische Glaubenssätze

- Das Leben ist ein Kampf.
- Wer nicht mein Freund ist, ist mein Feind.
- Friedlich kommt der Friede nicht.
- Ich muss stark sein.
- Ich akzeptiere nur Menschen, die genauso direkt und offen sind wie ich.

Vermeidung: der Rückzugskünstler (Schildkröte)

Als **Rückzugskünstler** kannst du dich problemlos unter deinem harten Panzer verstecken, wenn es dir zu ungemütlich da draußen wird. Dein bevorzugter Konfliktstil ist die Vermeidung. Das bedeutet, dass der Konflikt nicht gelöst wird und niemand gewinnt. Dir ist es wichtig, deine Ruhe zu haben, wenn dir die Situation zu aufgeladen, emotional und bedrohlich erscheint. Dafür opferst du sogar deine eigenen Interessen, indem du deine Meinung gar nicht erst vertrittst. Hast du einen Rückzugskünstler im Team, ist es wichtig, diesen aktiv einzubeziehen, sonst wird er die Auseinandersetzung womöglich frustriert als Verlierer verlassen und möglicherweise unter seinem Panzer noch lange weitergrollen. Vermeider haben jedoch auch ein gutes Gespür für Konflikte, die überflüssig sind oder nur Verlierer produzieren. Daher kann es lohnend sein, einem Rückzugskünstler gut zuzuhören, denn vielleicht ist der Konflikt wirklich nicht notwendig oder schadet womöglich dem Team. Wenn du als Leader Konflikte lieber vermeidest, wirst du dennoch kein friedliches Leben bekommen. Deine Mitarbeiter erwarten von dir, dass du dich zeigst und in der Lage bist, Auseinandersetzungen auszutragen. Im Gegenzug werden sie auch dein Bedürfnis nach Ruhe akzeptieren, insbesondere wenn der Konflikt vielleicht wirklich nicht wichtig ist.

Typische Glaubenssätze

- Es ist besser, wenn ich mich nicht einlasse.
- Ich kann niemandem trauen.
- Es ist sicherer, nicht zu viele Emotionen zu zeigen.
- Ich sollte meine wahren Gefühle nicht zeigen.
- Zu viel Nähe ist gefährlich für mich.

Nachgeben: der freundliche Helfer (Bär)

Als **freundlicher Helfer** stellst du das Wohl der anderen über dein eigenes. Du versuchst stets, eine Lösung zugunsten deiner Teamkollegen zu finden – auch wenn du dabei deine eigenen Bedürfnisse aufgibst. Was zunächst einmal sehr sozial klingt, ist für dich jedoch ziemlich ungesund. Denn deine »*Ich verliere-du gewinnst-Haltung*« bauscht sich oft zu einer enormen Erwartung auf: Ich opfere immer so viel und keiner dankt es mir, also muss jetzt endlich einmal was für mich herausspringen! Hast du einen freundlichen Helfer im Team, solltest du dafür sorgen, dass dieser sein Eigeninteresse nicht aus den Augen verliert. Freundliche Helfer kommen dann zum Zuge, wenn in einem Entscheidungsprozess eine Expertenmeinung gefragt ist – wenn es also um eine sachliche Wahrheit geht, und nicht darum, recht zu behalten! Bist du als Leader selbst ein freundlicher Helfer, dann solltest du dich damit auseinandersetzen, dass der Anspruch, mit allen befreundet zu sein, dich in eine Sackgasse führen wird – denn zuallererst musst du mit dir selbst gut Freund sein! Wertschätzende Führung bedeutet auch, sich selbst wertzuschätzen.

Typische Glaubenssätze

- Nimm dich nicht so wichtig.
- Probleme und Konflikte lösen sich von selbst.
- Man sollte vor allem Ruhe bewahren und gelassen bleiben.
- Ich darf meine Wünsche oder Bedürfnisse nicht äußern.
- Ich darf andere nicht um Hilfe fragen.
- Ich werde nur wertgeschätzt, wenn ich für andere da bin.

Konsens: der weise Problemlöser (Eule)

Gehörst du zu den **Problemlösern**, dann bist du stets auf der Suche nach einer Win-win-Lösung, die alle Seiten zufriedenstellt. In Konflikten engagierst du dich mit großer Offenheit. Du läufst zur Höchstform auf, wenn komplexe Situationen eine perfekte oder zumindest akzeptable Lösung für alle erfordern. Du siehst das gemeinsame Ziel, aber auch deine eigenen Interessen, und integrierst beides in eine neuartige Konsenslösung, in der alle Beteiligten ihre Ziele verwirklichen können. Hast du einen Problemlöser im Team, wird dieser eine unschätzbare Hilfe in Konfliktsituationen sein. Bist du selbst als Leader ein Konfliktlöser, solltest du beachten, dass diese Form der Konfliktlösung oft sehr viel Zeit benötigt, und erkennen, wann es an der Zeit ist, auch mal eine Entscheidung zu treffen.

Typische Glaubenssätze

- Für jedes Problem gibt es eine Lösung.
- Man muss alle Seiten in Betracht ziehen.
- Subjektiv gesehen hat jeder recht.
- Mit etwas gutem Willen kann man mit allen auskommen.

Kompromiss: der schlaue Kompromisssucher (Fuchs)

Auch als **Kompromisssucher** versuchst du, verschiedene Ansichten in Einklang zu bringen, allerdings mit einem großen Unterschied: Bei einer Kompromisslösung müssen sich alle mehr oder weniger zurückzunehmen. Als Kompromisssucher strebst du eher pragmatisch den kleinsten gemeinsamen Nenner an. Dieses »Keiner gewinnt, keiner verliert« macht zwar keinen richtig unglücklich, aber den wirklich großen Durchbruch wird es mit diesem Ansatz nicht geben. Daher spricht man ja auch oft von einem »faulen Kompromiss«. Der Kompromiss funktioniert daher nur für Übergangslösungen oder in Situationen, in denen alle das gleiche Ziel haben, der Konflikt also begrenzt ist. Bist du als Leader ein Kompromisssucher, dann solltest du dich fragen, warum du dich oft zu schnell zufriedengibst und deine eigenen Interessen nicht konsequent verfolgst. In deinem Team wird auf diese Weise dauerhaft kein Frieden entstehen!

Typische Glaubenssätze

- Es ist gut, sich viele Wege offenzuhalten.
- Wenn jeder seinen Kopf durchsetzen will, kommt keiner weiter.
- Ernsthafte Konflikte müssen nicht sein.
- Lieber den Spatz in der Hand als die Taube auf dem Dach.
- Man trifft sich immer auf halbem Weg.

KONFLIKTTYP	STÄRKEN	ENTWICKLUNGS-FELDER
Tiger • Strategie: Durchsetzung • Harter Kämpfer • Ich gewinne – du verlierst	• mutig, direkt, handelt schnell • ergreift die Initiative • ist an einer Entscheidung interessiert • sorgt für Klarheit • löst den Konflikt	• wirkt dominant, andere Meinungen werden oft nicht akzeptiert • riskiert Beziehung zum anderen • Kontrolle kostet viel Kraft und Energie • kann beim anderen Gefühl von Unterlegenheit und Rückzug auslösen
Schildkröte • Strategie: Vermeidung • Rückzugskünstler • Keiner gewinnt, keine Klärung	• lässt sich emotional in den Konflikt nicht hereinziehen, behält daher den Überblick • keine Eskalation, keine »Kurzschlussreaktionen« • kann bei unnötigen Konflikten hilfreich sein	• keine Lösung des Konfliktes • Eigene Anliegen bleiben auf der Strecke • Das Ausweichen des Konfliktes erfordert viel Kraft (verleugnen, ausreden ...)

KONFLIKTTYP	STÄRKEN	ENTWICKLUNGS-FELDER
Bär • Strategie: Nachgeben • Freundlicher Helfer • Du gewinnst, ich verliere (bzw. bin nicht so wichtig)	• lässt dem anderen seinen Raum • reagiert flexibel • überfordert sein Gegenüber nicht • schürt keinen erneuten Konflikt • eignet sich sehr gut als Experte	• verleugnet eigene Interessen • Lösung geht zu eigenen Lasten • Konflikt bleibt dadurch unterschwellig länger bestehen, weil eigenes Interesse nicht vertreten wurde
Eule • Strategie: Konsens • Der weise Problemlöser • Alle gewinnen (Win-win)	• ist an einer Lösung des Konfliktes interessiert • Alle Interessen werden beachtet • Die Beziehung zum Gegenüber ist wichtig • ideal für neue Lösungen in komplexer Situation	• Entscheidungsfindung kann (zu) lange dauern • Gefahr, dass keine klare Entscheidung getroffen wird • ggf. Durchsetzungsschwäche
Fuchs • Kompromiss • Der schlaue Kompromisssucher • Keiner gewinnt, keiner verliert	• ist an pragmatischer Lösung interessiert • nutzt Verhandlungsspielraum • reagiert flexibel • löst den Konflikt • gut als Übergangslösung	• verzichtet auf einen Teil seiner Interessen • gibt sich u. U. zu schnell zufrieden • Risiko, dass keiner zufrieden ist (»fauler Kompromiss«)

Tab. 3: Zusammenfassung: Licht und Schatten der Konfliktstile

Übrigens: Alle Konfliktstile haben ihre Berechtigung. Keiner ist per se gut oder schlecht, selbst wenn das auf den ersten Blick so aussehen mag. Und grundsätzlich hat jeder Mensch die Fähigkeit, alle fünf Strategien zur Konfliktbewältigung einzusetzen. Das Modell soll also nicht dazu führen, Menschen in eine Schublade zu stecken! Manchmal hängt der bevorzugte Konfliktstil von der Situation ab.

Allerdings neigen wir alle dazu, einen Konfliktstil bevorzugt einzusetzen. Insbesondere in stressigen Situationen fallen wir oft in unsere typischen Muster zurück, obwohl wir in einer entspannteren Situation durchaus auch zu einem größeren Verhaltensrepertoire fähig wären. Welchen Konfliktstil du als Leader bevorzugt einsetzt, hängt davon ab, welche Erfahrungen du als Kind mit Macht und Autorität gemacht hast. Hast du gelernt, dich durchsetzen zu müssen? Hast du es erlebt, wie hilfreich es ein kann, Konflikte gemeinsam zu lösen? Oder wurden Konflikte lieber unter den Teppich gekehrt, wurdest du vielleicht sogar gelobt, wenn du deine Bedürfnisse zurückgestellt hast?

Deine typischen Verhaltensweisen zur Konfliktbewältigung sind das Ergebnis persönlicher Prägungen und Anforderungen der Situation, in der du dich gerade befindest. Auch hier gilt: Konfliktstile lassen sich ändern, wenn auch nicht auf Knopfdruck. Der erste Weg zur Veränderung beginnt mit dem Bewusstsein, dass dein typischer Umgang mit Konflikten auf alten Programmen basiert – du bist nicht verpflichtet, diese bis an dein Lebensende fortzuführen!

Dein Natural Leadership Canvas: Feld 7

Wenn du dieses Kapitel durchgearbeitet hast, kannst du das siebte Feld deines Natural Leadership Canvas ausfüllen. Folgende Reflexionsfragen helfen dir dabei:

Wie löse ich (bisher) bevorzugt Konflikte im Team?

____

____

Wie löse ich (bisher) meine intrapersonellen Konflikte, die Konflikte in mir selbst?

____

____

Was ist mein typischer Konfliktstil, insbesondere in stressigen Situationen?

____

____

Was sind die Vorteile? Welche Nachteile ergeben sich daraus?

____

____

In welchen Situationen bin ich ein »Spiegelkämpfer«? Was haben Personen beziehungsweise Situationen, die mich aufregen, mit mir selbst zu tun?

____

____

In welchen Situationen sehe ich »rot« – und was hat das mit meinen Bedürfnissen zu tun?

____

____

Was möchte ich künftig bei Konflikten beachten? Welchen Konfliktstil möchte ich verstärkt einsetzen?

Was muss ich dafür konkret tun?

Wie kann ich für meinen Bereich präventiv ein positives Umfeld schaffen, um die Gefahr von Konflikten zu reduzieren?

Wie kann ich die versöhnende Kraft von Ritualen für mich selbst und für mein Team nutzen?

Fasse nun deine Antworten in Stichworten zusammen und übertrage sie auf das Blatt mit der Affenhorde. (Über den QR-Code kannst du die Vorlagen für dein Natural Leadership Canvas herunterladen und ausdrucken.) Ergänze deine Aufzeichnungen gegebenenfalls um weitere Ideen, Gedanken und Erkenntnisse.

Prinzip 8:
Die Biene – Lebendigkeit und Kommunikation

»Auf die ewige Lebendigkeit kommt es an, nicht auf das ewige Leben.«

FRIEDRICH NIETZSCHE

Hast du schon einmal im Sommer auf einer blühenden Wiese gelegen und den Insekten zugeschaut? Und dabei das Summen, das Brummen, das pulsierende Treiben um dich herum wahrgenommen? Hier kannst du unmittelbar erleben, wie lebendig die Natur ist – ein Kosmos voller Energie und elektrisierender Vitalität. Alles ist in Bewegung und alle Wesen kommunizieren miteinander, wenn auch auf ganz unterschiedliche Art und Weise: die Insekten untereinander, die Blumen miteinander, die Insekten mit den Blumen …

In der Natur sind Kommunikation und Lebendigkeit untrennbar miteinander verbunden. Doch was bedeutet eigentlich Lebendigkeit? Wann fühlen wir uns lebendig? Was macht eine Kommunikation aus, die uns mit Leben erfüllt? Was genau steckt hinter diesem Prinzip, welches wir in der Natur klar erspüren können und was wir in unserem Alltag so oft vermissen?

Wenn du an Lebendigkeit denkst, dann fallen dir vielleicht die folgenden Begriffe ein: Lebensfreude, Vitalität, Aktivität, Bewegung, Natürlichkeit, Frische, Begeisterung … und noch einige mehr. Lebendigkeit ist für mich daher nicht mit Agilität und mit Anpassungsfähigkeit gleichzusetzen. Agilität ist – vereinfacht gesagt – die Fähigkeit, sich auf neue Anforderungen einzustellen. Dabei spielt das Tempo der Anpassung eine entscheidende Rolle:

Um agil zu sein, braucht es Anpassungsfähigkeit bei hoher Geschwindigkeit. Für mich geht der Begriff der Lebendigkeit über Agilität und Anpassungsfähigkeit hinaus. Lebendigkeit, das ist das Leben auf einer Sommerwiese. Die Natur ist lebendig. Im Gegensatz dazu mag ein Softwareprozess zwar hoch agil sein – ohne den Zauber der Lebendigkeit ist er dennoch nur technisiert und eintönig.

Lebendigkeit drückt unsere Verbindung zur Welt aus: zur Natur, zu anderen Menschen, und wie wir miteinander in Beziehung stehen und kommunizieren. Man könnte Lebendigkeit auch als einen Moment größter Verbundenheit bezeichnen – mit uns selbst und mit allem, was uns umgibt. Dieses »Angedocktsein« erzeugt Begeisterung, Schwung, Einfallsreichtum, Intuition und Kreativität. Lebendigkeit erschafft Flow-Erlebnisse – also das Gefühl, genau zur richtigen Zeit am richtigen Ort zu sein und das Richtige zu tun. Ein lebendiges Unternehmen wäre demnach ein lebendes System voller Energie, Verbundenheit und Dynamik, in dem es zugeht wie in einem Bienenstock: Alle kennen ihre Aufgabe, alle sind in ihrem Element, und alle stehen miteinander in einem nutzbringenden Austausch, von dem das Ganze profitiert.

Viele Unternehmen und Organisationen strahlen jedoch das genaue Gegenteil aus. Wenn du dich schon einmal ganz bewusst in den seelenlosen Fluren eines großen Konzerns oder den typischen Amtsstuben einer deutschen Verwaltung bewegt hast, dann weißt du, was ich meine!

Auch bei uns Menschen gibt es durchaus Orte, an denen du diese Lebendigkeit erleben kannst – vor allem in Kindertagesstätten und Kindergärten, in Kultur-, Kunst- und Freizeiteinrichtungen. Dabei handelt es sich jedoch stets um Bereiche, die aus einer ökonomischen Sicht nicht wertschöpfend sind, sondern lediglich Kosten verursachen, die das System wieder verdienen muss. In Wirklichkeit ist es gerade andersherum! Denn es ist unser ökonomisches, auf Effizienz getrimmtes System, welches unser wahres Menschsein und unsere Lebendigkeit verhindert – auch wenn diese Kosten in keiner Bilanz auftauchen.

Wenn wir unserem Wirtschaftssystem neues Leben einhauchen und mehr Lebendigkeit in die Unternehmen und in jedes Team bringen wollen, sollten wir daher auf die Natur schauen. Die Biene zeigt, wie es geht!

Kommunikation als Voraussetzung für Vielfalt

Die Honigbiene, dieser kleine pelzige Sympathieträger, steht für mich wie kein zweites Wesen in der Natur für Kommunikation und Lebendigkeit. Die fleißigen Honigsammlerinnen sind wesentlich älter als wir. Wissenschaftler gehen davon aus, dass die ersten Bienen bereits vor etwa 100 Millionen Jahren durch die Gegend summten, erste Honigbienen existieren vermutlich seit 50 Millionen Jahren – also lange, bevor die Jäger und Sammler der Steinzeit den wertvollen Honig entdeckten und für sich nutzten.

Wenn wir von Bienen reden, dann denken wir meist an die Honigbiene. Daneben gibt es jedoch noch fast 600 weitere Bienenarten in Deutschland, die umgangssprachlich als Wildbienen bezeichnet werden. Die meisten Wildbienen, mit Ausnahme der Hummeln und einiger anderer, leben allerdings solitär und bilden kein Volk. Die Honigbiene ist jedoch die einzige Bienenart, die vom Menschen seit langen Zeiten als Nutztier gehalten wird. Denn keine ihrer wilden Verwandten lebt in so großen Völkern und produziert so viel Honig. Doch wir verdanken den Bienen sehr viel mehr als nur den süßen Energiespender. Ohne die Bienen sähe unsere Welt heute völlig anders aus! Die große Blütenvielfalt unserer Natur geht nämlich auf die Vorgänger der Honigbiene zurück. Da kaum eine Blühpflanze aus eigener Kraft imstande ist, sich fortzupflanzen, musste die Natur eine Lösung für dieses Problem finden. Die erste Variante – den Wind zur Weiterverbreitung zu nutzen – erwies sich als nicht sonderlich effektiv. Dann jedoch traten die Bienen auf den Plan und die Evolution machte einen Quantensprung. Es hat den Anschein, dass Bienen und Pflanzen vor rund 100 Millionen Jahren eine Art Vereinbarung getroffen haben: *»Hilf mir, dann helfe ich dir«!* Dadurch haben sich beide Arten in ihrer gegenseitigen Entwicklung auf eine faszinierende Art und Weise gefördert. Also eine echte Win-win-Situation, wie wir heute sagen würden. Als Folge dieser Symbiose haben die Biene ihre ausgeklügelte Sprache entwickelt, um mit ihren Artgenossen zu kommunizieren. Dank dieser Fähigkeiten konnten sie Millionen Jahre überleben – und gleichzeitig den Artenreichtum voranbringen.

Wie Bienen kommunizieren

Die Kommunikation der Bienen ist erstaunlich komplex und effizient. Bienen sind sogar die einzigen nicht-menschlichen Lebewesen, von denen wir wissen, dass sie symbolhaft kommunizieren. In der Natur gibt es viele Arten, die in der Lage sind, sich über die jeweilige Situation auszutauschen. Bienen können sich jedoch auch Dinge mitteilen, die nicht unmittelbar geschehen. Denn eine Biene, die beim Flug über eine Wiese eine vielversprechende Nektarquelle findet, ist in der Lage, diese Information exakt weiterzugeben. Dafür misst sie die Entfernung vom Stock und ihre Flugrichtung relativ zum Sonnenstand. Sobald sie in den dunklen Bienenstock zurückgekehrt ist, kommuniziert sie den übrigen Sammlerinnen anhand symbolhafter Bewegungen, wo sich der begehrte Nektar befindet. Als Navi dient der sogenannte Schwänzeltanz: Durch spezielle Bewegungen, das Summen und die Dauer des Tanzes gibt die Biene Richtung und Entfernung der Nahrung weiter. Informationen über die Qualität und den Geruch der Blüte werden über Pollen oder den mitgebrachten Nektar mitgeteilt.

Honigbienen stehen in einem ständigen Austausch miteinander – taktil, durch Berührungen, Flugbewegungen, Duftstoffe, Laute oder einfach nur durch Beobachtung. Ein Bienenstock ist ein Kosmos voller Lebendigkeit, in dem es summt und brummt. Wenn wir davon reden, dass es an einem Ort *»zugeht wie in einem Bienenstock«*, dann haben wir dieses Bild vor Augen.

Die intensive Kommunikation der Bienen dient nicht nur der Nahrungssuche. Sie können damit auch den Standort des Bienenstocks signalisieren, die Anwesenheit und den Status der Königin erkennen, den Zustand des Bienenvolkes und die Lage der Königin an andere Bienen weitergeben und sich auf Gefahren und Bedrohungen hinweisen. Das gelungene Zusammenspiel aller unterschiedlichen Kommunikationsformen trägt zum Erfolg und zum Überleben des Bienenvolkes bei.

Kleines Tier, große Intelligenz

Bienen verfügen über eine Vielzahl an Instinkten und eine hochfunktionale Aufgabenteilung. Bisher ging man davon aus, dass sie aufgrund ihrer kleinen Gehirne jedoch nur wenig Verhaltensflexibilität und Lernverhalten zeigen. In den letzten Jahren veränderte sich diese Sichtweise jedoch grundlegend.

Wenn wir von intelligenten Tieren sprechen, dann denken wir meist an Menschenaffen, Wale, Elefanten oder auch bestimmte Vogelarten. Insekten haben wir dabei eher nicht im Fokus, außer vielleicht im Zusammenhang mit kollektiver Intelligenz oder Schwarmintelligenz. Honigbienen sind zwar für ihre Baukünste, ihren Orientierungssinn und ihre clevere Kommunikation bekannt, bezüglich ihrer Intelligenz galten sie jedoch eher als Reflexmaschinen, die lediglich auf aktuelle Ereignisse reagieren. Dass diese Einschätzung nicht stimmt, konnte der deutsche Verhaltensbiologe Lars Chittka[22] eindrucksvoll zeigen.

Der Wissenschaftler, der an der Queen Mary University in London lehrt, untersuchte in zahlreichen Experimenten die Intelligenz von Honigbienen und ihren Verwandten, den Hummeln – mit erstaunlichen Resultaten. Denn Bienen verhalten sich keineswegs roboterhaft! Chittka ist mittlerweile davon überzeugt, dass Bienen eine Art Bewusstsein und sogar Gefühle haben. Sie können zählen, lernen, sich erinnern und in die Zukunft planen, Schlüsse ziehen, Gesichter erkennen, fühlen und sogar träumen. Bienen haben ein detailliertes Gedächtnis für die Landschaft im Umkreis ihrer Bienenstöcke, sie können Werkzeuge manipulieren, um an Belohnungen zu gelangen, und diese Fähigkeit durch Beobachtung erlernen und weitergeben.

Das Interessante daran: Chittka führte mit den Bienen und Hummeln erfolgreich Versuche durch, die sonst nur bei Primaten eingesetzt werden. Ob eine Art intelligent ist, hängt daher keineswegs von der Größe des Gehirns, sondern von dessen Größe in Relation zur Körpergröße ab. Aufgrund dieser Erkenntnisse sollten wir daher die Intelligenz einer Art nicht unterschätzen, nur weil sie klein ist.

Eintönigkeit statt Lebendigkeit

Chittkas Forschungsergebnisse könnten tiefgreifende Auswirkungen auf die Forschungsethik haben – und auf die Art und Weise, wie wir mit den kleinen, schlauen Bestäubern umgehen. Denn die Biene ist gefährdet und benötigt dringend unseren Schutz. Das betrifft nicht nur die Honigbienen, sondern auch die Wildbienenarten, von denen die Hälfte vom Aussterben bedroht ist. Gefährlich wird ihnen vor allem eines: unsere Eintönigkeit.

Jede Bienenart hat ihre ganz eigenen Ansprüche und ist auf bestimmte Pflanzen spezialisiert. Je eintöniger es daher auf unseren Feldern und in unseren Gärten zugeht, umso weniger Bienen gibt es. Unser Wildbienenbestand befindet sich weltweit in einem dramatischen Sturzflug, was die Gesamtzahl und Vielfalt der Bienen betrifft. Ein bedeutender Grund hierfür ist die Intensivierung der Landwirtschaft. Millionen Jahre konnten Bienen unbehelligt existieren, doch der Einsatz von Insektiziden und der Verlust von Lebensraum und Nahrungsgrundlagen macht ihnen das Überleben heute schwer. Ihre Kommunikation scheint auch ein Frühwarnsystem für Schadstoffe zu sein: Ist das Ökosystem gefährdet, kommunizieren Bienen weniger.

Auch wenn wir diesen Zusammenhang nicht immer klar vor Augen haben: Der Schwund hat dramatische Folgen. Honig- und Wildbienen sind ein unverzichtbarer Bestandteil unserer biologischen Vielfalt. Ohne sie stünden wir im Supermarkt vor leeren Regalen. Stirbt die Biene, dann entziehen wir damit auch unserer eigenen Lebendigkeit die Grundlage. In manchen Regionen Chinas leben gar keine Bienen mehr. Die Verzweiflung aufgrund der ausbleibenden Ernten ist mittlerweile so groß, dass viele Bauern zur Handbestäubung übergegangen sind. Millionen Arbeiter klettern Leitern hinauf und bestäuben die Blüten mithilfe eines Wattestäbchens mit getrockneten Pollen – eine extrem mühsame und teure Handarbeit.

COACHING-TIPPS VON DER BIENE

Eintönigkeit als Tod der Lebendigkeit – die Bedrohung der Bienen ist auch eine Metapher für unsere Arbeitswelt. Im umgekehrten, positiven Sinne heißt das: Um unsere Unternehmen und Organisationen zum Leben zu erwecken, braucht es Erlebnisse, die Verbundenheit bewirken – und einen regen, permanenten Austausch!

TIPP 1: Erschaffe Inseln der Kommunikation und der Begegnung

Ein Bienenschwarm ist ständig in Bewegung. Das charakteristische Summen, welches durch die Bewegungen der Flügel erzeugt wird, ist Indikator für die Lebendigkeit und das Energielevel des Schwarms. Damit es in deinem Team oder deiner Abteilung ebenso vital zugeht, solltest du Inseln des Austauschs schaffen. Vermeide eintönige Meetings, in denen nur einer spricht und alle anderen gelangweilt zuhören. Setze lieber auf Eigenverantwortung und unkonventionelle Methoden! Agile Formate wie das Daily Stand-up-Meeting eignen sich dafür besonders gut. Außerhalb des Büros laden attraktive Pausenräume oder motivierende Kreativräume zum Austausch und zur Weiterentwicklung von Ideen ein. Im Alltag vieler Unternehmen haben sich hybride Kommunikationsformen etabliert, da viele Mitarbeiter zumindest zeitweise im Homeoffice arbeiten. Mittlerweile ist jedoch auch eine Gegenbewegung erkennbar, denn gerade das häufige mobile Arbeiten macht das Büro wieder attraktiv. Hier ist der »Bienenstock« deines Teams oder deiner Abteilung, hier findet Begegnung, Austausch und Innovation statt, hier entwickelt sich Unternehmenskultur. Videobesprechungen mögen praktisch sein, können aber nicht dauerhaft die Lebendigkeit persönlicher Begegnungen ersetzen. Viele Unternehmen sind daher dazu übergegangen, feste Bürotage einzurichten, an denen ihre Mitarbeiter wieder zusammenkommen.

TIPP 2: Etabliere eine wirkliche Feedbackkultur

Denke daran, dass die Einführung von Agilität in einem Unternehmen keine Universallösung ist und dass der konkrete Ansatz von den individuellen Bedürfnissen und der Kultur des Unternehmens abhängt. Etabliere deshalb eine echte Feedbackkultur! Das bedeutet: Feedback sollte immer in beide Richtungen fließen. Auch als Leader solltest du ein Interesse daran haben, zu wissen, was deine Mitarbeiter über dich denken und was du in der Kommunikation und in der Zusammenarbeit verändern kannst. Damit das in der Praxis funktioniert, braucht es eine gewisse Kompetenz, die ihr als Team gemeinsam nach und nach entwickeln könnt. Ein Teamfeedback sollte immer auch im Rahmen einer gewissen Struktur erfolgen. Ist dein Team noch ungeübt in der Kommunikation, kannst du beispielsweise mit einer positiven Feedbackrunde beginnen (*»An dir mag ich …«*, *»Mit dir arbeite ich gerne zusammen, weil …«* etc.). In einem zweiten Schritt kannst du dann auch Feedbacks einführen, die wertschätzend formuliert sind und gleichzeitig eine Veränderung implizieren, also zum Beispiel: *»In der Zusammenarbeit mit dir wünsche ich mir …«* Feedback ist ein Geschenk, über dessen Annahme der Feedbacknehmer selbst entscheidet. Wenn du regelmäßig wertschätzende Feedbackrunden durchführst, wird sich bald eine hohe Kompetenz entwickeln, und die Kommunikationsqualität in deinem Unternehmen wird ein anderes Niveau erreichen!

TIPP 3: Hole die Familien und die Kinder in dein Unternehmen

Warum nicht einmal ein gemeinsames Mittagessen mit Familien und Kindern, vielleicht am Freitag in der firmeneigenen Kantine? Für viele Kinder ist das der Höhepunkt der Woche: Mama oder Papa am Arbeitsplatz besuchen. Und ein schöner Einstieg in das familiäre Wochenende ist es sowieso. Ein weiterer Vorteil: Du lernst auf diese Weise ganz nebenbei neue Seiten deiner Mitarbeiter kennen, was sich wiederum positiv auf eure Kommunikation auswirkt. Das geht übrigens nicht aus dem Homeoffice!

Lebendigkeit ist erlernbar

Honigbienen leben in einer Gemeinschaft, die Verbundenheit, Zugehörigkeit und Ordnung schafft. Eine Biene muss sich nicht fragen, ob sie sich lebendig fühlt – ihre Existenz ist von der Verbindung zum Bienenvolk und der gemeinsamen Aufgabe gar nicht zu trennen. Alle schwingen miteinander, sind in Harmonie – ebenso harmonisch wie die Waben, die sie gemeinsam herstellen. Auch wir Menschen kennen Momente, in denen wir uns wirklich lebendig fühlen: ein intensives Erlebnis in der Natur, beim Sport, beim Musizieren. Ein gutes und vertrauensvolles Gespräch. Die Freude, gemeinsam etwas geleistet zu haben. Was immer das für dich auch ist – in jenen Momenten ist die Welt für dich »in Ordnung«. Das liegt daran, dass auch dein Gehirn dann in »Ordnung« ist, da es sich in Harmonie befindet. Man nennt diesen Zustand Kohärenz, einen Gleichklang, der entsteht, wenn die Neuronen im Gehirn synchron miteinander schwingen. Und diese Harmonie ist spürbar! Kohärenz ist der Moment, in dem einfach alles passt. In diesen Augenblicken fühlen wir uns verbunden mit dem Leben – mit uns selbst, mit der Natur, mit anderen Menschen, mit der Welt.

Verbundenheit ist ein vollkommen natürlicher Zustand. Wir alle sind von Natur aus verbundene Wesen. Bereits ganz früh im Leben spürten wir diese Zugehörigkeit – über die Nabelschnur im Mutterleib. Aus diesem wohligen und sicheren Gefühl heraus waren wir bereits vor unserer Geburt kleine Entdecker, haben uns ausprobiert und unsere Grenzen ausgelotet. So winzig wir auch waren – in diesen Momenten fühlten wir, dass alles passt. Wir waren in Kohärenz. Doch dann kamen wir auf die Welt, und so nach und nach ging das Gefühl der Verbundenheit verloren. Wir erlebten Grenzen und Einschränkungen, die unsere natürliche Freude am Gestalten behinderten. Wir übernahmen Ängste und Unsicherheiten, die nicht unsere eigenen waren. Und so vergaßen wir, wie es sich anfühlt, eins mit dem Leben zu sein.

Das Hamsterrad, in welchem die meisten Menschen sich irgendwann wiederfinden, ist das Resultat dieses Trennungsprozesses. Viele verbringen sogar ihr ganzes Leben darin – weil sie sich selbst nicht mehr spüren und daher auch gar nicht wissen, wie sie diesen Zustand der Kohärenz, der Stimmigkeit und der Verbundenheit wiederherstellen sollen. Doch genau darauf kommt es an. Denn Lebendigkeit ist nichts anderes als die Kompetenz zur Wiederherstellung dieser Kohärenz!

Diesen Zusammenhang schilderte der Neurobiologe Gerald Hüther in einem Vortrag mit dem Titel »Wer nichts unternimmt, verliert seine Lebendigkeit[23]« anlässlich des Entrepreneurship Summit 2023 in Berlin. Hüther hatte mehrere Menschen befragt und dabei festgestellt: Die meisten fühlen sich dann besonders lebendig, wenn sie das Gefühl haben, ihr eigenes Leben gestalten zu können. Wenn sie die Freiheit haben, das zu tun, was sie am liebsten tun und nicht immer nur funktionieren müssen. Also das zu tun, was sie als winzige Embryos getan haben. Im Grunde genommen geht es im Leben darum, immer wieder in diesen Zustand des Urvertrauens und der Verbundenheit – und damit der Lebendigkeit – zu kommen. Kohärenz ist daher kein Dauerzustand, kein Kuschelsofa zum Ausruhen, sondern eine dynamische Balance, die immer wiederhergestellt werden muss. Dazu braucht es unbedingt Herausforderungen und Probleme. Denn sonst könnten wir diese Wiederherstellungskompetenz ja gar nicht entwickeln. Wir wachsen immer dann, wenn wir eine Lösung für ein Problem gefunden haben – und diese Fähigkeit bei der nächsten Herausforderung wieder anwenden.

Ob sich die Bienen ein Leben ohne Herausforderungen wünschen würden, wenn sie es könnten? Das halte ich für unwahrscheinlich. Denn die Natur hat sie mit allem ausgerüstet, was erforderlich ist, um flexibel auf Schwierigkeiten zu agieren und gemeinsam Lösungen zu finden. Deshalb wirken sie auf uns so lebendig. Erstaunlicherweise tun viele Menschen aber das genaue Gegenteil. Sie wünschen sich ein Leben ohne Probleme und Krisen, ein Leben, in dem sie alles haben und dann einfach nur noch glücklich sein können, ohne etwas zu tun. Vielleicht ein Lottogewinn, oder im Rentenalter das süße Nichtstun unter Palmen genießen … ein Trugschluss!

Von einem ist Gerald Hüther nämlich überzeugt: Es geht im Leben nicht darum, glücklich zu sein und alles zu haben. Und es geht auch nicht darum, um jeden Preis möglichst alt zu werden und in dieser Zeit ganz viel zu erreichen. Und schon gar nicht geht es darum, auf dem Sofa zu sitzen und darauf zu vertrauen, dass andere am besten wissen, was für uns gut ist. Sondern es geht darum, sich möglichst lange lebendig zu fühlen! Wenn du dieses Gefühl der Verbundenheit zu deiner Aufgabe und zu den Menschen, die mit dir gemeinsam an Lösungen arbeiten, immer wieder herstellst, werdet ihr ein lebendiges Team sein.

Wie du effizient kommunizierst

Die Bienen zeigen uns, dass Lebendigkeit und Kommunikation eng miteinander verzahnt sind. Als Leader führt daher kein Weg am Thema Kommunikation vorbei. Denn Führen bedeutet Kommunizieren – und zwar ständig! Dabei ist Kommunikation sehr viel mehr als der bloße Austausch von Informationen durch Worte. Denn du kommunizierst auch dann, wenn du gar nichts sagst. Du kommunizierst sehr viel durch die Art und Weise, wie du etwas sagst. Du kommunizierst symbolisch durch Dinge, die du hast oder nicht hast. Du kommunizierst sogar das, was du über dich selbst oder dein Gegenüber denkst – ganz ohne es auszusprechen! Alles, was du tust oder nicht tust, hat eine Bedeutung. Mehr noch: Deine Kommunikation ist so ein mächtiges Tool, dass du dadurch sogar deine Realität erschaffst – im positiven wie im negativen Sinne. Wie das funktioniert und worauf du als Leader achten solltest, verrate ich dir im nachfolgenden Absatz.

Wertschätzung und Klarheit sind essenziell in deiner Position als Leader. Dasselbe gilt natürlich auch für deine Kommunikation. Wertschätzung schafft Vertrauen; Klarheit verringert das Risiko von Missverständnissen. Diese passieren häufig, insbesondere im Führungskontext. Denn wenn du dich mit anderen Menschen, zum Beispiel einem Mitarbeiter oder dem gesamten Team, unterhältst, dann muss jeder von euch in kurzer Zeit eine große Menge an Informationen wahrnehmen und auswerten. Das löst auf beiden Seiten Reaktionen aus, die den Verlauf des Gesprächs und damit letztendlich auch das Gefühl, welches dieses hinterlässt, beeinflussen.

Der Kommunikationsforscher Paul Watzlawick bezeichnete unsere wahrgenommene Wirklichkeit als das Ergebnis von Kommunikationsprozessen. Was zunächst etwas sperrig klingt, erleben wir alle ständig im Alltag. Du bist enttäuscht, weil deine Mitarbeiter auf die Ankündigung dieses tollen neuen Projekts nicht mit Luftsprüngen reagieren? Deine Mitarbeiter murren, weil sie das Gefühl haben, dass du ihnen zu viele Aufgaben zumutest? Du bist frustriert, weil dein Chef mit immer neuen Vorgaben daherkommt, die du gar nicht umsetzen kannst? Der Auslöser all dieser Befindlichkeiten ist stets ein kommunikativer Vorgang. Wenn du dir der Mechanismen dahinter bewusst bist, kannst du deine Realität ganz gezielt gestalten und dir das Leben als Leader leichter machen.

Was ist Kommunikation?

Unter Kommunikation versteht man den Austausch von Informationen zwischen mindestens zwei Menschen. Dabei gibt es immer einen, der sendet, und einen, der empfängt. Für diesen wechselseitigen Austausch verwenden wir nicht nur unsere Sprache, sondern auch nonverbale Signale wie Mimik, Gestik und Tonfall. Insbesondere die nonverbale Sprache verrät dir immer auch etwas über die Gefühlswelt deines Gegenübers. Auf der anderen Seite gibst auch du deine Gefühle sehr viel häufiger durch deine Körpersprache als durch deine Worte preis.

Je nach Kontext kann es passieren, dass du Informationen anders verstehst, als sie beabsichtigt waren. Das trifft natürlich auch auf deinen Gesprächspartner zu. Aber auch deine Stimmung und deine Einstellung deinem Adressaten gegenüber tragen zum Verständnis bei – können aber auch das Gegenteil, also Missverständnisse und eventuell sogar Konflikte, fördern.

Die Bedeutung nonverbaler Kommunikation

Wenn du an Kommunikation denkst, so kommt dir vermutlich als Erstes die Sprache in den Sinn. Dabei wurde die menschliche Sprache in der Evolution erst relativ spät »erfunden«. Über den Zeitraum scheiden sich die Geister, da es zur Sprachentwicklung kaum archäologische Zeugnisse gibt. Lautäußerungen im Sinne eines reinen Informationsaustausches sind wohl sehr alt, da auch Menschenaffen diese Fähigkeit besitzen. Eine komplexe, abstrakte und symbolhafte Sprache ist jedoch womöglich erst mit Auftreten des modernen Homo sapiens entstanden. Das kann vor rund 200.000 Jahren, vielleicht aber auch erst vor 30.000 oder 40.000 Jahren passiert sein. Unsere Fähigkeit, nonverbal zu kommunizieren, ist hingegen deutlich älter. Da sie bereits lange vor der Verwendung von Sprache funktionierte, ist sie tief in unseren Genen verwurzelt. Bereits Babys kommunizieren nonverbal und sind in der Lage, die Körpersprache ihrer Eltern zu lesen. Ihre Mimik ist eine universelle Sprache, die in allen Kulturkreisen gleich ist. Auch Menschen, die von Geburt an blind sind, zeigen bei Basisemotionen wie Überraschung, Freude, Angst, Trauer und Ekel eine identische Mimik. Im Tierreich und in der Pflanzenwelt ist der Austausch nonverbaler Botschaften die übliche Form der Kommunikation – hier haben sich im Verlauf der Evolution enorm vielfältige und raffinierte Varianten entwickelt.

Nonverbale Kommunikation erfolgt über diverse Kanäle wie Blickkontakt, Mimik, Gestik, Stimme, Berührung und Distanz zum anderen. Hinzu kommen symbolische Faktoren, die häufig auch ganz bewusst eingesetzt werden, um eine Botschaft zu vermitteln: Statussymbole wie ein privates Fahrzeug oder der Dienstwagen, Büroausstattung, Möblierung, aber auch Kleidung, Frisur, Schmuck, Make-up, Parfum – um nur einige wenige zu nennen.

Verbale Kommunikation muss nicht immer deiner inneren Wahrheit entsprechen. Während wir durchaus in der Lage sind, mit Worten zu lügen oder nicht alles zu sagen, was wir fühlen, ist das auf nonverbalem Weg fast nicht möglich. Denn nonverbale Kommunikation findet meist unbewusst statt. Zwar schaffen es Schauspieler oder professionelle Redner, ihre Körperhaltung, Gestik und Mimik gezielt einzusetzen. Allerdings ist das Ganze sehr viel schwieriger, als es den Anschein hat. Unsere Wahrnehmungsmechanismen laufen so subtil ab, dass eine Armbewegung, die eine Aussage unterstützen soll, schnell lächerlich wirkt, wenn sie zu früh oder zu spät kommt.

Unsere Fähigkeit, nonverbale Botschaften zu interpretieren, ist also in der Regel sehr gut ausgeprägt. Daher neigen wir auch dazu, der Körpersprache mehr Glauben zu schenken als den verbalen Äußerungen. Denn der menschliche Körper verrät durch winzige Gesten sehr viel zuverlässiger die wahren Gefühle: das Hochziehen einer Augenbraue, ein spontanes Naserümpfen, ein warmer Blick ... Sind die nonverbalen Signale einer Person mit den ausgesprochenen Worten im Einklang, so wirkt dieser Mensch glaubwürdig und authentisch. Daher macht es wenig Sinn, etwas darstellen zu wollen, was du nicht bist oder nicht fühlst. Dein Gegenüber wird es spüren!

Lebendiger kommunizieren: die Wahrheiten von Paul Watzlawick

Ein Klassiker und wichtiger Grundpfeiler zum Verständnis menschlicher Kommunikation sind die fünf Axiome Paul Watzlawicks[24], die praktisch auf jede Kommunikationssituation angewendet werden können. Ein Axiom ist eine unbeweisbare, aber in sich einsichtige Wahrheit, die daher als gültig anerkannt wird. Watzlawicks Grundregeln erklären menschliche Kommunikation und zeigen gleichzeitig ihre Paradoxien auf.

Axiom Nr. 1: Man kann nicht nicht kommunizieren

Wir kommunizieren in jedem Moment unseres Lebens. Das ist logisch, da Watzlawick Kommunikation und Verhalten gleichsetzt: Ebenso wie man sich nicht *nicht* verhalten kann, kann man auch nicht *nicht* kommunizieren! Auch die Mitarbeiterin, die sich in der Teambesprechung nie zu Wort meldet und nur reglos auf den Boden starrt, drückt damit eine Botschaft aus, ebenso wie der Mitarbeiter, der immer zu spät kommt oder immer früher geht. Denn beide verraten eine ganze Menge über sich und die Situation, ohne dabei auch nur ein einziges Wort zu verlieren.

Axiom Nr. 2: Jede Kommunikation hat einen Inhalts- und einen Beziehungsaspekt

Wenn du deinen Mitarbeiter fragst, ob eine wichtige Aufgabe, die du an ihn delegiert hast, fertig ist, kommunizierst du damit zwei Aspekte gleichzeitig: Der Inhaltsaspekt deiner Frage »Bist du damit fertig?« bezieht sich nur auf die Sache: Du hast eine Aufgabe delegiert und möchtest wissen, ob sie erledigt wurde. Der andere Aspekt deiner Frage gibt Aufschluss über eure Beziehung. Hier kommt die nonverbale Kommunikation ins Spiel: Je nachdem, mit welchem Tonfall, mit welcher Mimik und Gestik deine Frage untermalt wird, wird dein Mitarbeiter deine Aussage unterschiedlich interpretieren. Er kann sie als Lob auffassen und sich bestätigt fühlen, er kann aber auch einen Zweifel oder sogar eine Unzufriedenheit heraushören: Traut er mir die Aufgabe wirklich zu? Hält er mich gar für unfähig, diese fristgerecht und fehlerfrei abzuliefern? Wichtig dabei ist, dass der Beziehungsaspekt immer den Inhaltsaspekt dominiert! Beide Aspekte sind vorhanden und diese können unterschiedlich interpretiert werden. Falls du und dein Mitarbeiter eine negative Beziehung habt und diese auf der Inhaltsebene austragt, so führt das stets zu einer gestörten Kommunikation.

Das zweite Axiom wurde durch den Psychologen Friedemann Schulz von Thun ergänzt und erweitert. Sein *Kommunikationsquadrat*[25] gehört zu den bekanntesten Kommunikationsmodellen. Neben der Sach- und der Beziehungsebene definiert er noch zwei weitere Ebenen, auf denen eine Nachricht gesendet, gehört und verstanden werden kann: die Selbstkundgabe und die Appellseite. In Anlehnung an Schulz von Thuns Modell kann man eine Mitteilung oder Nachricht auch mit einem Ball vergleichen, der zwischen den Beteiligten hin- und hergeworfen wird. Du kannst mit einer einzigen Aussage ganz unterschiedliche Motive verfolgen – je nachdem, welche Ballseite nach vorne zeigt. Die Interpretation des Empfängers wiederum wird der Seite entsprechen, die er auffängt.

Abb. 10 Das Kommunikationsquadrat nach Friedemann Schulz von Thun (eigene Darstellung)

Selbstkundgabe bedeutet: Mit jeder Äußerung gibst du immer auch etwas von dir selbst preis. Wenn du deinen Mitarbeiter danach fragst, ob die Ausarbeitung, welche er für dich erledigen sollte, bereits fertig ist, kann diese Frage – je nachdem, wie du sie stellst – auch die Information beinhalten, dass du die Daten schnellstmöglich benötigst. Vielleicht sogar, dass du unter Stress stehst, weil du sie dringend für eine Präsentation vor deinem Vorgesetzten brauchst.

In deiner Botschaft kann aber auch ein Appell versteckt sein: Mach schnell! Kommunikation ist deshalb so missverständlich, da nicht nur du auf vier Ebenen kommunizierst, sondern auch dein Mitarbeiter vier »Ohren«

hat, mit denen er eine Nachricht von dir empfangen kann. Vielleicht interpretiert er in eine rein sachliche Äußerung ein Beziehungsthema hinein (der Chef mag mich nicht, weil ich immer so lange brauche), eine Selbstkundgabe (er ist wohl verärgert, hat er einen schlechten Tag?) oder einen Appell (ich soll mich beeilen).

In einer einfachen Frage oder Aussage stecken bereits jede Menge Möglichkeiten, diese misszuverstehen! Und wenn du die gleiche Frage mehreren Menschen stellst, kann diese ganz unterschiedlich interpretiert werden.

Axiom Nr. 3: Kommunikation ist immer Ursache und Wirkung

Kommunikation findet immer als Wechselwirkung zwischen Ursache und Wirkung statt. Alles, was du deinem Gesprächspartner mitteilst, fordert von ihm eine **Reaktion**, auf die du dann **wiederum reagierst**. Diese mündet in einer weiteren Reaktion und so weiter.

Wir betrachten Kommunikation meist als ein lineares Phänomen. Das bedeutet: Einer beginnt und der andere reagiert darauf. Wenn also etwas aus dem Ruder läuft, muss derjenige »schuld« sein, der angefangen hat. Stell dir vor, ihr habt in eurer Abteilung oder eurem Team einen hohen Zeitdruck bei der Fertigstellung eines bestimmten Projektes. Ein Mitarbeiter, der dadurch mit seiner regulären Arbeit nicht hinterherkommt und Überstunden machen muss, beschwert sich daraufhin bei dir. Reagierst du nun deinerseits mit Unverständnis, besteht eine hohe Wahrscheinlichkeit, dass dein Mitarbeiter sich zurückzieht, also die Aufgabe nicht zufriedenstellend oder auch gar nicht erledigt.

Kommunikation ist immer gleichzeitig Ursache und Wirkung. Doch das übersehen wir meist, denn jeder hat seine Sicht auf den Vorgang, und jeder definiert den Anfang anders: Dein Mitarbeiter würde bemängeln, dass er immer zu viel Arbeit von dir bekommt und du kein Verständnis für ihn hast. Du würdest vielleicht anführen, dass dein Mitarbeiter schwierig ist, nur herumnörgelt und seine Arbeit nicht erledigt. Doch wer hat nun recht?

Keiner. Denn Kommunikation ist ein Reiz-Reaktions-Ablauf, der, wenn man ihn nicht bewusst hinterfragt oder unterbricht, immer wieder im gleichen Teufelskreis endet, also keinen Anfang und kein Ende hat. Im genannten Beispiel definieren Führungskraft und Mitarbeiter selbst Beginn und Ende der kommunikativen Situation und gestalten dadurch die Beziehungsebene.

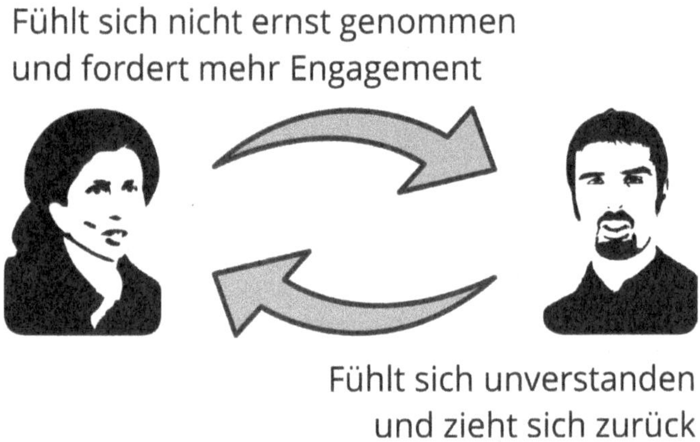

Abb. 11 Reiz-Reaktions-Ablauf bei Kommunikation zwischen Führungskraft und Mitarbeiter

Axiom Nr. 4:
Menschliche Kommunikation bedient sich analoger und digitaler Modalitäten

Hinter dem kompliziert klingenden Titel verbirgt sich ein einfaches Phänomen, das du bereits kennengelernt hast: Mit digitaler Kommunikation ist der verbale Austausch mittels Sprache oder Schrift gemeint. Diese ist in der Regel klar definiert: Ein Haus ist ein Haus (auch wenn es hier natürlich durchaus unterschiedliche Vorstellungen gibt). Analoge Kommunikation erfolgt durch nonverbale Äußerungen wie Mimik, Gestik, Körpersprache oder mitschwingende Interpretationen. Diese sind nicht klar definiert und müssen daher durch deinen Gesprächspartner erst interpretiert werden. Um Missverständnisse auszuschließen, solltest du deinem Gesprächspartner daher immer klar sagen oder schreiben, was du von ihm möchtest.

Axiom Nr. 5: Kommunikation ist symmetrisch oder komplementär

Bei einer symmetrischen Kommunikation haben beide Partner den gleichen Status. Das muss nicht unbedingt bedeuten, dass beide hierarchisch auf einer Stufe stehen. Auch mit deinen Mitarbeitern kannst du symmetrisch kommunizieren. Entscheidend ist, dass das Gespräch auf Augenhöhe stattfindet. Thomas Anthony Harris[26] nennt diesen Status *Ich bin ok, du bist ok.* Das ist immer dann der Fall, wenn beide Gesprächspartner wertschätzend miteinander umgehen und der andere als Mensch »richtig« ist. Ganz anders verhält es sich beim komplementären Status: Dieser basiert auf einem Machtgefälle. Also entweder: *Ich bin ok, du bist nicht ok,* oder auch: *Ich bin nicht ok, du bist ok.* In beiden Fällen dominiert die Beziehungsebene die Sachebene, dadurch entstehen Probleme in der Kommunikation.

Zusammenfassend kann man sagen: Mit einer bewussten Kommunikation hast du die Chance, Klarheit zu schaffen – du kannst aber auch genau das Gegenteil bewirken! Entscheide dich möglichst für ein klares Ja oder Nein und vermeide Weichmacher in deiner Sprache – *vielleicht, möglicherweise,* oder *man könnte, sollte mal wieder …*

Oder auch: *Don't be a maybe.* Deine Klarheit als Leader schafft Verbindlichkeit!

Wie du als Leader mit dem Herzen kommunizierst

Empathie ist der Schlüssel zum Herzen der Menschen. Der österreichische Arzt und Psychotherapeut Alfred Adler sagte einmal: »*Wer mit den Augen eines anderen sehen, mit den Ohren eines anderen hören und mit dem Herzen eines anderen fühlen kann, der zeichnet sich durch Gemeinschaftsgefühl aus.*«[27] In der Geschichte des kleinen Prinzen von Antoine de Saint-Exupéry heißt es sogar: »*Man sieht nur mit dem Herzen gut. Das Wesentliche ist für die Augen unsichtbar*«.[28] Kommunikation hat also nicht nur etwas mit der Stimme und dem richtigen Mindset zu tun, sondern auch mit dem Herzen. Um empathisch zu kommunizieren, braucht unser Verstand daher das Herz als Partner – und damit auch das richtige Heartset.

Unser Herz ist ein echtes Wunderwerk und es bewirkt sehr viel mehr, als die meisten Menschen vermuten würden: Wusstest du schon, dass die Energie deines Herzens um ein Vielfaches stärker als die Energie deiner Gedanken ist? Bewusst eingesetzt, kannst du mit dieser Kraft deine Gesundheit, deine Beziehungen, dein Umfeld und somit dein gesamtes Leben positiv beeinflussen. Denn auch für dein Herz gilt: Du kannst nicht nicht kommunizieren!

Diese Erkenntnis ist noch relativ jung. In der medizinischen Forschung betrachtete man den Herzmuskel nämlich lange wie eine mechanische Pumpe, die den Körper mit Sauerstoff versorgt und dafür vom Gehirn gesteuert wird. Heute weiß man, dass das Herz sehr viel mehr kann – es ist ein eigenständiges neuronales System mit etwa 40.000 Nervenzellen. Und es steht in direkter Verbindung zum Gehirn, weshalb es zuweilen auch »Herzgehirn« genannt wird. Dieses Netz übernimmt wichtige Steuerungsfunktionen in unserem Körper, es reguliert Herzrhythmus und Blutdruck und hat Auswirkungen auf das Hormonsystem. Das Herz sendet tatsächlich mehr Signale an das Gehirn als umgekehrt. Dadurch beeinflusst es sogar unsere kognitiven Fähigkeiten und die Art und Weise, wie wir Emotionen verarbeiten. Und das ist noch längst nicht alles! Mithilfe unseres Herzens können wir auch auf unsere Umgebung einwirken. Das Herz ist daher auch bei der Kommunikation direkt beteiligt.

Dein Herz schlägt etwa 100.000 Mal – am Tag. Jeder einzelne Herzschlag beginnt mit einem elektrischen Impuls. Der so ausgesendete Herzstrom gelangt über die Blutbahnen in die Gefäße und baut im gesamten Körper ein Magnetfeld auf. Dieses Herzmagnetfeld ist das stärkste rhythmische Energiefeld, das vom Körper produziert wird – und es strahlt nach außen ab. Studien des HeartMath-Institutes[29] konnten zeigen, dass das Herzenergiefeld Personen in einer Entfernung von einem Meter messbar beeinflusst. Das bedeutet: Andere Menschen spüren dieses Feld – und reagieren darauf, positiv wie negativ.

Wenn du dir dieser Zusammenhänge bewusst bist, kannst du diesen Effekt für dich nutzen und dein Heartset positiv ausrichten. Zum Beispiel, wenn ein Mitarbeitergespräch ansteht und du dich mit den üblichen Fragen darauf vorbereitest: Um welches Thema geht es, wie spreche ich es an, welches Ziel verfolge ich, welche Argumente unterstützen mich dabei?

Doch bereitest du dich auch emotional auf ein Gespräch vor? Es macht einen großen Unterschied, ob du einem Mitarbeiter mit einer wertschätzenden Einstellung begegnest – oder ob du ihn für eine Niete hältst. Auch wenn deine Worte noch so neutral gewählt sind – dein Gegenüber wird es spüren und darauf reagieren!

Genauso wichtig wie die fachliche Vorbereitung ist daher die emotionale: Wie geht es mir vor diesem Gespräch? Welche Gefühle habe ich? Freue ich mich auf den Mitarbeiter und den Austausch mit diesem Menschen? Möchte ich unbedingt ein Ziel erreichen? Sind da vielleicht sogar unangenehme Gefühle in mir? Wie stehe ich zu dieser Person, wie ist unsere Beziehung? Interessiere ich mich für diesen Menschen, oder empfinde ich ihn als anstrengend oder schwierig? Habe ich vielleicht sogar Angst vor dieser Unterhaltung?

Wenn du dir der Wirkung deiner inneren Einstellung bewusst bist, kannst du jederzeit von einem negativen in einen positiven Modus wechseln. Alles, was du dazu brauchst, ist eine empathische Haltung, also echtes Interesse am anderen, Mitgefühl und Wertschätzung. Höre auf dein Herz und vermeide es, zu urteilen und andere zu bewerten – auch nicht dich selbst! Falls es dennoch passiert, verurteile dich nicht dafür, sondern halte kurz inne, entspanne dich und wechsle wieder in den »neutralen« Modus. Dann fokussiere dich auf eine positive Einstellung. Wenn du mit anderen Menschen zusammen bist und spürst, dass die Stimmung in der Gruppe gerade nicht förderlich ist, kannst du zumindest deine eigene Frequenz durch eine friedliche und freundliche Einstellung allen gegenüber erhöhen.

Je häufiger du diese Haltung trainierst, umso mehr wirst du es spüren: Dein Herz ist ein mächtiges Instrument, mit dem du deine Realität erschaffen und vieles in deinem Leben zum Besseren verändern kannst.

Aber aufgepasst: Es gibt natürlich auch Menschen, die dir Energie abziehen, weil sie dich immer wieder in ihr eigenes Drama verwickeln möchten und die dir dadurch mehr Zeit rauben, als dir lieb ist – meist, weil es dir nicht gut gelingt, dich abzugrenzen. Dann braucht es eine liebevolle Haltung vor allem dir selbst gegenüber. Auch diese Gespräche lassen sich mit einer veränderten Energie meistern. Denke daran: Ein wertschätzendes, aber klares Nein wirkt Wunder!

Dein Natural Leadership Canvas: Feld 8

Du möchtest als Leader bewusster, klarer und empathischer kommunizieren? Die folgenden Reflexionsfragen sind dafür eine Hilfestellung:

Was ist meine wichtigste Erkenntnis aus diesem Kapitel?

____

____

Wie möchte ich als Leader von den Menschen in meinem Umfeld wahrgenommen werden?

____

____

Was werde ich künftig bei meiner Kommunikation beachten, um meine Realität *positiv* zu steuern und zu beeinflussen?

____

____

Wie kommuniziere ich wertschätzend, im Sinne von *Ich bin ok – du bist ok*?

____

____

Wie kommuniziere ich klar und bringe es *auf den Punkt*?

Wie trenne ich in meiner Kommunikation zwischen Inhalts- und Beziehungsebene?

Gibt es in meinem Bereich zwischenmenschliche Störungen, die dem 3. Axiom Watzlawicks (Ursache und Wirkung) entsprechen? Wie gehe ich jetzt damit um? Was möchte ich künftig verändern?

Du hast Lust auf mehr Lebendigkeit in deinem Leben beziehungsweise deinem Unternehmen bekommen? Perfekt, dann helfen dir die folgenden Fragen bei der Orientierung:

In welchen Situationen fühle ich mich wirklich lebendig?

Was hindert mich daran, diesen Zustand öfter zu erreichen? Was ist mein Hamsterrad?

Welche kleinen Rituale der Lebendigkeit möchte ich täglich in meinen Alltag integrieren?

Was tue ich konkret, um mehr Lebendigkeit in mein Team/meine Abteilung/mein Unternehmen zu bringen?

Übertrage deine wichtigsten Erkenntnisse und Antworten auf das Blatt mit der Biene (siehe QR-Code) und ergänze diese gegebenenfalls um weitere Ideen zum Thema Kommunikation und Lebendigkeit.

Prinzip 9:
Das Faultier – Stärkenorientierung und Akzeptanz

»Beneide nicht den Adler, weil er fliegen kann, er kann nicht schwimmen wie du.«

Xokonoschtletl Gomora, mexikanischer Autor und Schamane

Weißt du eigentlich, was das Besondere an dir ist? Kennst du deine Talente? Kannst du beschreiben, warum du ein unverwechselbares und einzigartiges Exemplar bist? Und vor allem: Kannst du dich so akzeptieren, wie du bist?

Vielen Menschen fällt es schwer, diese Fragen zu beantworten. Denn in unserer Gesellschaft ist es gar nicht so üblich, ganz offen über Stärken und Talente zu reden. Schon gar nicht über die eigenen.

Doch was ist eigentlich ein Talent? Wenn ich von Talenten und Stärken rede, orientiere ich mich an der Definition des *Gallup Strengthsfinders*[30], eines vom Gallup-Institut entwickelten Testverfahrens zur Ermittlung persönlicher Talentleitmotive. Als Talent bezeichnet man demnach ein natürliches, immer wiederkehrendes Denk-, Gefühls- oder Verhaltensmuster. Erst wenn diese Fertigkeiten geübt und regelmäßig eingesetzt werden, entsteht daraus eine Stärke – also die Fähigkeit, konsistent eine nahezu perfekte Leistung zu bringen. Talente können also brachliegen, wenn wir sie nicht nutzen. Sie können aber auch zu einer echten Stärke werden, wenn sie erkannt und ausgebaut werden. Doch warum nutzen wir so selten unser volles Potenzial?

Dafür gibt es mehrere Gründe. Zum einen ist unser Schulsystem reichlich defizitorientiert: Kaum sind wir auf der Welt, lernen wir bereits, was wir alles nicht können und wo wir noch besser werden sollten. Zum anderen wird auch im Elternhaus häufig der Fokus auf das gelegt, was nicht so gut klappt: Die schlechte Note in Latein, das Urteil *Versetzung gefährdet* im Zeugnis und als Gegenmaßnahme der Nachhilfeunterricht, damit es wenigstens zu einer Vier reicht. Oder besser noch zu einer Drei. Das ermuntert nicht unbedingt dazu, die eigenen Talente mit Freude und Begeisterung zu entdecken. Denn diese lassen sich oft gar nicht in Schulnoten ausdrücken. Fähigkeiten wie Empathie, ein guter Zuhörer sein, Vorstellungskraft, Kreativität, handwerkliches Geschick, Tatkraft, Kommunikationsfähigkeit, Organisationstalent, Vermittlungsfähigkeit in einem Konflikt oder den sprichwörtlichen grünen Daumen – um nur einige wenige zu nennen – tauchen nun mal in keinem Zeugnis auf. Dabei ist die Liste menschlicher Talente unendlich lang. Wir haben nur keine Sprache dafür entwickelt, um uns darüber auszutauschen. Stattdessen reden wir viel lieber über Defizite und Schwächen. Bei den Eltern kommt noch die Angst dazu, dass aus ihrem Kind später »nichts werden wird«, wenn es in der Schule nicht der Norm entspricht. Doch das stimmt so nicht. Ein Kind, das erfährt, was es kann und dadurch in seinem Selbstwert gestärkt wird, findet immer seinen Weg – auf seine Art und in seinem Tempo. Kinder hingegen, die häufig kritisiert wurden, werden zu Erwachsenen, die kritisieren, statt bei sich selbst und bei anderen zuerst das Positive zu sehen.

In vielen Unternehmen findet Personalentwicklung nach wie vor defizitorientiert statt, also mit dem Ziel, die Schwächen zu dezimieren. Wie viel mehr Begeisterung, Freude, Lebendigkeit und Motivation könnten wir in die Unternehmen bringen, wenn alle dort ihre Stärken einsetzen könnten! Allmählich findet jedoch ein Umdenken statt. Das ist gut so, denn in der Natur ist Stärkenorientierung der Normalfall. Sie kennt nämlich nur Lebewesen, die alle irgendetwas ganz besonders gut können. In der Natur ist daher jeder ein Champion. Manchmal muss man nur etwas genauer hinschauen.

Von Natur aus einzigartig

Das in Südamerika beheimatete Faultier könnte man auf den ersten Blick für ein Missgeschick der Natur halten. Denn es würde in jedem Wettbewerb, bei dem es um Geschwindigkeit geht, mit Abstand den letzten Platz belegen. Das Faultier gilt zu Recht als das langsamste Säugetier unseres Planeten.

Kopfunter und völlig regungslos hängt es an einem Ast, ohne scheinbar irgendetwas zu tun – bis zu 20 Stunden täglich! Mal schläft es, mal ruht es sich aus, und selbst wenn es einmal aufgewacht ist, dann wirkt es aufgrund seiner unendlich langsamen Bewegungen immer noch ziemlich verschlafen. Wenn du einmal versucht hast, die Strecke von vier Metern in einer Minute zu bewältigen, dann hast du eine Vorstellung von der durchschnittlichen Geschwindigkeit eines Faultieres. Dieses Tempo erreicht es aber nur in seinem optimalen Umfeld, also kopfunter vom Baum hängend und sich von Ast zu Ast hangelnd. An Land schafft es gerade einmal zwei Meter in der Minute.

Das Faultier verbringt sein Leben in Zeitlupe, ohne jemals in Aktionismus und Hektik zu verfallen. Wäre es ein Mensch, dann hätten wir ihm schon längst das Etikett *arbeitsscheu, verschroben, skurril* und *irgendwie seltsam* verliehen. Als exotische Tierart jedoch erfreut sich das Faultier großer Beliebtheit – vielleicht, weil sein gemütliches Lebenstempo der inneren heimlichen Sehnsucht vieler Menschen entspricht. Dennoch nennen wir es reichlich abwertend *Faultier.* Das ist eine ungerechte Bewertung, die sehr viel mehr über uns selbst als über das Faultier aussagt!

In Wirklichkeit ist das friedliche Faultier nämlich ein Superheld der Evolution. Sein Urahn lebte bereits vor unglaublichen 30 Millionen Jahren. Bis vor etwa 15.000 Jahren bevölkerten Riesenfaultiere den amerikanischen Kontinent – Giganten, so groß wie Elefanten, die auf dem Boden lebten und bis zu vier Metern groß und bis zu sechs Tonnen schwer wurden. Nach dem Aussterben der Riesen besetzten die deutlich kleineren, baumlebenden und heute noch existierenden Faultiergattungen eine freigewordene ökologische Nische hoch oben in den Baumkronen: Dort haben sich die Überlebenskünstler bis heute perfekt an diesen Lebensraum angepasst und Stärken entwickelt, die im Tierreich einzigartig sind.

Das Faultier ist der beste Beweis dafür, dass es in der Evolution eben nicht nur um *höher, schneller* und *weiter* geht, sondern dass auch Langsamkeit und Gelassenheit eine Stärke sein kann, sofern sich diese als Vorteil erweist. Doch wie gelingt es diesen stets tiefenentspannt wirkenden Tieren, mit so wenig Energie zu überleben und dabei nicht gefressen zu werden?

Ganz einfach: Das Faultier ist ein perfekt optimierter Organismus. Jeder Aspekt seines Körpers – vom langsamen Stoffwechsel bis zur gemächlichen

Motorik – wurde für einen geringen Kalorienverbrauch ausgelegt. Im Energiesparen liegt seine große Stärke. Auch wenn es auf dem Waldboden unbeholfen und langsam wirkt – in Wirklichkeit ist das Faultier ein hoch spezialisierter Baumbewohner, der sich in seinem natürlichen Lebensraum trotz seiner Langsamkeit ausgesprochen geschickt und athletisch bewegt. Dank seiner langen, kräftigen Arme und Klauen kann es sich kopfunter effizient von Baum zu Baum hangeln. Spezielle Gelenke ermöglichen es ihm, sich um Äste zu wickeln und sich daran festzuhalten. Sein Skelett ist an das hängende Leben angepasst, die Muskulatur auf Klettern spezialisiert. Hoch oben kann das Faultier auf Futterquellen zurückgreifen, die anderen Tieren nicht ausreichen würden: die nährstoffarmen Blätter der Baumkronen. Da diese leicht zu erreichen sind, muss es sich dafür auch gar nicht schnell bewegen. Die gemütliche Lebensweise hat einen weiteren Vorteil, denn wer nicht hektisch von Ast zu Ast springt, wird von Raubtieren seltener bemerkt. Im Blattwerk der Bäume ist das Faultier ohnehin perfekt getarnt. Durch sein grünlich wirkendes, mit Algen bewachsenes Fell ist es nahezu unsichtbar. Körperpflege und Nestbau wären reine Energieverschwendung, daher befasst es sich gar nicht erst damit. Das Faultier hat eben eigene Prioritäten.

Wird es einmal von einem Feind angegriffen, so flieht es nicht. Es behält seine stoische Gelassenheit auch, wenn es einmal von seinem Baum fallen sollte. Das ist seine Überlebensstrategie. Da es über keinen nennenswerten Fluchtinstinkt verfügt, verfällt das Faultier auch dann nicht in Hektik und Stress, wenn ein Raubtier direkt vor seiner Nase vorbeiläuft. Das sorgt für einen gewissen Schutz. Ganz wehrlos ist es dennoch nicht: Man würde es dem friedlichen Blattfresser nicht zutrauen, doch er ist durchaus in der Lage, einem überraschten Angreifer ganz unerwartet eine Ohrfeige zu verpassen. Aufgrund der langen Krallen des Faultieres dürfte das sicher keine angenehme Erfahrung sein.

Von Zeit zu Zeit begibt es sich das Faultier allerdings in große Gefahr: Einmal pro Woche steht der Toilettengang an, für den es gemächlich von seinem Baum herunterklettert. Für das Faultier ist das ein hochriskantes Unterfangen, da es dort nicht vor Fressfeinden geschützt ist. Tatsächlich verstirbt etwa die Hälfte aller erwachsenen Faultiere beim Klo-Besuch.

Doch warum verlässt das Faultier dafür überhaupt seinen schützenden Baum? Auf den ersten Blick mag dieses riskante Vorgehen evolutionär nicht sinnvoll zu sein. Doch dahinter steckt eine ausgeklügelte Strategie. Den Dung der Faultiere benötigt nämlich ein anderes Tier zur Fortpflanzung: die Faultier-Motte. Sobald die Motten erwachsen sind, ziehen sie dann ins Fell des Faultieres um, wo sie ebenfalls dort lebenden Grünalgen mit dem Nährstoff Ammonium versorgen. Die Grünalgen wiederum dienen nicht nur als Tarnung, sie sind auch eine leckere Zwischenmahlzeit, da sie viel fettreicher sind als die Blätter, die das Faultier üblicherweise vorfindet. Das clevere Faultier stellt also seine Snacks selbst her – und hat sie praktischerweise immer dabei.

Mats, das perfekte Faultier

Eine gewisse Berühmtheit erlangte Faultier Mats, der 2004 als Geschenk eines schwedischen Zoos nach Jena kam, um der Wissenschaft zu dienen. Mats war nämlich dazu auserwählt worden, im Namen der Forschung an einer Stange zu klettern, die seinen Käfig mit dem Käfig der Faultierdame Lisa verband. Um seine Bewegungen genau zu untersuchen, wurde eine Kamera aufgebaut. Doch als alles bereit war, wollte Mats nicht. Fressen und schlafen waren wichtiger. Außer gekochten Eiern, Reis und Ruhe interessierte ihn nichts. Auch nicht die Dame in seiner Nachbarschaft. Zwar schnupperte er kurz an der Stange und legte einmal sogar seine Krallen darauf, doch mehr passierte nicht. Für Mats war der ganze Zirkus wohl zu aufregend, zu anstrengend und zu ungewohnt. Selbst mit den leckersten mundgerechten Häppchen und geschnippeltem Obst ließ er sich nicht locken. Während Lisa nach einiger Zeit brav ihre Turnübungen an der Stange vollführte, verweigerte Mats auch nach seiner Eingewöhnung jegliche Kooperation. Als klar wurde, dass Mats für die Wissenschaft nicht geeignet schien, durfte er wieder in einen Zoo, um dort sein ruhiges Leben nach Faultierart zu genießen.

Faultieren sagt man nach, sie seien nicht sonderlich intelligent. Das mag vielleicht nach unseren Maßstäben und Kriterien so anmuten. In der Natur bemisst sich Intelligenz immer auch daran, wie gut eine Art an ihr Umfeld angepasst ist – und dort ihre Stärken einsetzt, die nicht unbedingt einem vorgefertigten Kriterienkatalog entsprechen müssen. Mats war demnach ein ausgesprochen cleveres Faultier. Denn nach 14 Jahren Aufenthalt im Zoo hatte er gelernt: Essen kommt sowieso. Warum also dem Futter hinterhersteigen oder kraftraubende Turnübungen durchführen? Irgendwann wird der Napf ohnehin wieder aufgefüllt. Jede weitere Anstrengung wäre ineffizient und daher reine Energieverschwendung! Mats hat also nichts anderes getan, als seine größte Stärke zu nutzen.

Bei der Geschichte von Mats müssen wir schmunzeln. Doch wäre er uns genauso sympathisch, wenn er ein Mensch wäre?

COACHING-TIPPS VOM FAULTIER

Das Faultier zeigt dir, dass es viele Wege gibt, die zum Ziel führen. Daher ist es klug, nicht vorschnell zu urteilen oder zu bewerten, wenn etwas nicht ganz der Norm entspricht. Auch wenn sich jemand ganz anders verhält, als du das gewohnt bist, gibt es dafür einen Grund. Vielleicht verbirgt sich dahinter sogar eine besondere Fähigkeit. Und einfach mal abhängen und gelassen bleiben ist auch eine ziemlich gute Idee.

TIPP 1: Denke stärkenorientiert

In der Natur hat jede Art ihre Stärken. Der Gepard ist superschnell, der nordamerikanische Gabelbock hat eine enorme Ausdauer, das Faultier ist hocheffizient, der winzige Floh kann extrem weit springen, und der Kolibri kann rückwärts fliegen und wie ein Hubschrauber in der Luft stehen. Der Mauersegler verbringt fast sein gesamtes Leben in der Luft. Und was für uns Science-Fiction wäre, ist für den nordamerikanischen Waldfrosch normal: Er friert im Winter bei eisigen minus 20 Grad ein und überlebt als Eisblock ohne Atmung, Hirnfunktion und Herzschlag bis zum Frühjahr, wenn die Sonne ihn wieder auftaut. Die Liste ließe sich noch ewig weiterführen. Worauf es jedoch ankommt: Bei der Stärkenorientierung geht es nicht um Superlative. Denn die meisten Talente kommen so leise und unauffällig daher, dass wir sie gar nicht als solche wahrnehmen. Genau wie in der Natur auch sind wir Menschen unterschiedlich, was unsere Begabungen betrifft. Doch eines steht fest: Jeder hat Talent! Als Leader bist du gefordert, zunächst dich zu kennen und deine individuellen Talente herauszufinden. Denn wenn du dich selbst schätzen und akzeptieren kannst, wie du bist, wird es dir viel leichter fallen, auch in deinen Mitarbeitern überwiegend Positives zu sehen. Gewöhne dir daher eine Denkweise an, die den Fokus auf die Stärken statt auf die Schwächen legt. Was hat dein Mitarbeiter gut gemacht? Was ist deinem Team besonders gut gelungen? Welche Aufgabe würde wohl am besten zu der neuen Mitarbeiterin passen? Stärkenorientiert zu denken ist nichts als eine Sache der Gewohnheit. Wie ein Hebel, der umgelegt wird. Du wirst dich wundern, wie sehr Motivation und Engagement in deinem Team steigen werden!

TIPP 2: Finde das richtige Element

Das Faultier zeigt dir zwei Dinge: Erstens, wie schnell du Fehlurteile fällen kannst, wenn du einen Menschen nur in einer Situation erlebst. Und zweitens, wie entscheidend die Umgebung bist, in der dieser sich befindet. Du hast einen Mitarbeiter, der aus deiner Sicht völlig unfähig ist? Hast du schon einmal darüber nachgedacht, dass er vielleicht einfach nicht in seinem Element ist? Wer sich als Faultier ständig auf dem Waldboden aufhalten muss, kommt im wahrsten Sinne des Wortes nie auf einen grünen Zweig. Motivierend ist das sicher auch nicht. Frage daher deine Mitarbeiter regelmäßig, wie sie sich »ihr« Element vorstellen: was sie können, was sie wollen, was sie gerne tun, was sie begeistert. Und dann sucht gemeinsam nach der Aufgabe beziehungsweise dem Umfeld, welches dazu passt. Stärken sind viel zu wertvoll, um sie lediglich zu Hause im Hobbykeller oder im Verein auszuleben. Wenn eine Gruppe von Menschen beginnt, stärkenorientiert zu denken, findet sich garantiert immer eine Lösung – vielleicht befindet sich das optimale Element in einer anderen Abteilung, oder einem anderen Team. Falls sich wirklich im gesamten Unternehmen gar keine Übereinstimmung findet, weil dein Mitarbeiter schon immer ein Café eröffnen oder eine Hundepension aufmachen wollte, dann sollte er das tun – er wird bei dir ohnehin nicht glücklich werden.

TIPP 3: Einfach mal nichts tun

Faultier Mats folgte einer simplen Strategie: Alles, was du brauchst, kommt ohnehin zu dir. Man muss dafür nichts tun. Da ist viel Wahres dran. Wir leben in einer Leistungsgesellschaft, die Aktivität, Ziele und sichtbare Ergebnisse belohnt – wer sich im Sinne dieser Normen verhält, gilt als erfolgreich. Wie oft im Leben hast du versucht, ein bestimmtes Ziel mit aller Kraft erzwingen zu wollen? Hast alles darangesetzt, etwas zu erreichen, zu bekämpfen oder zu bekommen? Jemanden zu überzeugen? Vielleicht hast du dein Ziel erreicht – doch standen Anstrengung und Ergebnis in einem gesunden Verhältnis zueinander? Hat es dein Leben reicher gemacht? Und vor allem: *Warum* hast du dieses Ziel unbedingt erreichen wollen? Ist es nicht viel eher so, dass sich Zufriedenheit und Erfolg oft genau dann einstellten, als du nichts mehr erzwingen wolltest? Als du keine Erwartungen und keine Befürchtungen mehr hattest?

Nicht-Handeln bewirkt manchmal mehr – sofern das Ego still wird und nichts mehr will. Das bedeutet übrigens nicht, dass du gar nichts mehr tun oder lethargisch sein solltest, ganz im Gegenteil. Natürlich gibt es Situationen, in denen dein schnelles Handeln gefragt ist. Nicht-Handeln bedeutet, etwas mit Leichtigkeit zu tun – ohne Übereifer und ohne eine Spur von Aktionismus. Vielleicht wartest du erst noch ab, weil du spürst, dass die Zeit noch nicht gekommen ist. Vielleicht ist da gerade kein innerer Impuls in dir. Oder du brauchst eine kreative Ruhepause – schau auf die Natur, die macht uns das auch immer wieder vor. Vielleicht sagt dir aber auch die leise Stimme in dir, dass das, was du vorhast, momentan nicht sinnvoll ist. Wenn du deine Motive zunächst reflektierst, anstatt sofort zu handeln, wirst du nicht nur ruhiger und gelassener, du wirst auch bessere Entscheidungen treffen.

Im Alltag Energie sparen – Stoizismus als Haltung

Mit stoischer Ruhe hangelt sich das Faultier durch die Bäume. Es scheint, dass es sich durch nichts wirklich aus der Ruhe bringen lässt. Im Gegensatz zu den meisten Menschen vergeudet es seine kostbare Energie nicht für unnötige Befürchtungen, belanglosen Small Talk, negative Gedanken und sinnloses Tun. Und es scheint so, als ob es dabei immer lächeln würde.

Können wir das auch lernen? Ja, wir können. Eine mögliche Anleitung bietet der Stoizismus, von dem sich auch das Adjektiv »stoisch« ableitet. Der Stoizismus ist eine philosophische Lehre, die Akzeptanz und Gelassenheit als Mittel gegen die Unwägbarkeiten des Lebens begreift. Die stoische Denktradition erstreckt sich über einen Zeitraum von rund 500 Jahren und reicht von ca. 200 vor Christus bis zum Jahr 300 nach Christus. Bedeutende Stoiker dieser Zeit findet man vor allem in der späten Stoa, also zur Zeit des römischen Kaiserreiches: den antiken Philosoph Epiktet, den Philosophen und Politiker Seneca sowie den als Philosophenkaiser bekannten römischen Kaiser Mark Aurel, dessen Sprüche bis heute Kalenderblätter und Kühlschrankmagnete schmücken. Im Zentrum der stoischen Philosophie steht die Ataraxie, die Seelenruhe – also die berühmte stoische Gelassenheit.

Wer stoisch durch die Welt geht, hat eines verstanden: Es gibt Dinge, die wir kontrollieren können, und es gibt Dinge, die wir nicht kontrollieren können. Stoiker sprechen von der *Amor fati*, der Liebe zum Schicksal, was bedeutet, all das zu akzeptieren, was außerhalb unserer Kontrolle liegt. Absurderweise konzentrieren wir uns im Leben aber meist auf das, was wir nicht in der Hand haben: Draußen regnet es, der Nachbar mäht schon wieder laut den Rasen, man steht im Stau, die Haare werden allmählich lichter, der Kollege verdient mehr … Wer seine Welt durch die stoische Brille betrachtet, stellt fest, dass es sich nicht lohnt, Energie an Dinge zu verschwenden, die sich nicht ändern lassen. Das wäre schon sehr nah an der Stärke des Faultieres, das dank seiner Gelassenheit sehr viel unnötige Energie einspart. Anstatt sich also über unveränderliche Ereignisse zu ärgern, wäre es doch schlauer, sich auf das zu konzentrieren, was sich ändern lässt: Also den Regenschirm mitnehmen, wenn es regnet. Oder gleich Oropax kaufen, wenn der Nachbar lärmt. Sich über die gewonnene Zeit im Stau freuen und bewusst Musik hören …

»Der Weg zum Glück besteht darin, sich um nichts zu sorgen, was sich unserem Einfluss entzieht«, stellte Epiktet fest. Die Erkenntnisse der Stoa haben daher auch Einzug in die Glücksforschung gefunden, einer Wissenschaft, die die Bedingungen untersucht, unter denen Menschen sich als glücklich bezeichnen oder glücklich sind. Vergleiche anzustellen ist übrigens einer der sichersten Wege, sich sein Glück zu vermiesen! Fürs persönliche Glück ist es sicher zielführender, nicht nach dem Gehalt der Kollegin oder dem Auto des Nachbarn zu schielen, sondern mit sich selbst und dem, was man hat, zufrieden zu sein. Vergleiche haben die Eigenart, dass sie oft mit Neid und Missgunst enden. Und in der stoischen Denkweise gelten starke Emotionen, insbesondere negativer Art, als Energiefresser. Für einen Stoiker sind Emotionen daher eine Art Meinung, da sie unserer Kontrolle unterliegen. Konkret heißt das: Wenn du dich darüber ärgerst, dass dein Kollege mehr verdient, bist du vielleicht der Meinung, das sei nicht gerecht. Oder dass du deutlich mehr leistest. Diese Meinung ist jedoch keine Tatsache – du kannst sie ändern. Du könntest vielleicht mit dem Chef reden und die Beweggründe erfragen. Du könntest deine eigene Leistung oder die des Kollegen noch einmal aus einer anderen Sichtweise betrachten. Oder dich gleich nach einem Arbeitsplatz umschauen, an dem du deiner Leistung entsprechend bezahlt wirst.

Oder stelle dir vor, du hast Angst vor einer Prüfung. Dabei ist es jedoch nicht das Scheitern, was dir Angst macht – jeder scheitert einmal –, sondern deine Meinung über das Scheitern. Vielleicht, weil du dann glaubst, ein Versager zu sein oder berufliche Nachteile zu haben. Auch diese Meinung lässt sich ändern. Wie das geht, erkläre ich im nächsten Absatz.

Wenn du die Kunst der Akzeptanz unveränderlicher Dinge beherrschst, wirst du deutlich gelassener durchs Leben gehen. Du wirst souveräner, da du zunehmend unabhängig von den Meinungen anderer wirst. Und vielleicht wirst du dann auch wie das Faultier öfter mit einem Lächeln durch die Welt gehen – laut Glücksforschung übrigens eine Sache, die sofort glücklich macht!

Lass dich nicht länger antreiben

Sich selbst wichtig nehmen, weniger perfekt sein, gelassen bleiben, einfach mal nichts tun – was in der Theorie sehr einfach klingt, scheitert im Alltag oft an der praktischen Umsetzung. Die Ursache dafür sind negative Gefühle, die sofort auftauchen, wenn wir ein Verhalten ändern wollen. Denn aller guten Vorsätze zum Trotz fühlen wir uns oft schlecht, wenn wir langsamer oder weniger perfekt sein möchten, die eigene Meinung vertreten oder einfach nur weniger arbeiten wollen. Der Grund dafür sind sogenannte Antreiber, also bestimmte Vorstellungen darüber, wie wir sein und uns verhalten sollten.

Das Antreiber-Konzept stammt aus den 1970er-Jahren und wurde von Taibi Kahler und Hedges Capers im Rahmen der Transaktionsanalyse entwickelt.[31] Hinter den Antreibern verbergen sich elterliche Forderungen, die ihrem Kind dazu verhelfen sollen, sein späteres Leben gut zu meistern. Zumindest in der Vorstellungswelt der Eltern. Als Kind lernen wir also: Ich bin okay, wenn ich diese Bedingungen erfülle. Erfülle ich sie nicht, bin ich nicht okay.

Das Konzept der Antreiber beinhaltet fünf Kategorien, wobei hinter jedem Antreiber ein Glaubenssatz steht. Über Glaubenssätze haben wir schon öfters gesprochen. Wenn also ein bestimmter Satz bei deinen Reflexionen immer wieder auftaucht – sei es beim Zeitmanagement, deinem Konfliktmuster oder deinen Antreibern –, ist das ein sehr deutlicher Hinweis darauf, dass du dir dieses unbewusste innere Programm etwas näher anschauen solltest.

Die fünf Antreiber lauten:

- Sei perfekt!
- Beeil dich!
- Streng dich an!
- Mach es allen recht!
- Sei stark!

Im Grunde genommen repräsentieren alle Antreiber positive Eigenschaften. Daher gehören sie durchaus zu deinen Stärken:

- Genauigkeit und Fehlerlosigkeit (Sei perfekt)
- Schnelligkeit sowie die Fähigkeit, Chancen zu nutzen (Beeil dich)
- Durchhaltevermögen und Leistungsbereitschaft (Streng dich an)
- Freundlichkeit und Liebenswürdigkeit (Mach es allen recht)
- Unabhängigkeit und Stärke (Sei stark)

Problematisch wird es, wenn diese Antreiber im Erwachsenenalter nicht reflektiert werden. Meist neigen wir nämlich dazu, es mit den Ansprüchen an uns selbst maßlos zu übertreiben. Dann fallen wir wieder in den Kind-Modus zurück und tun alles, um zu funktionieren, obwohl der ursprüngliche Auslöser (der erhobene Zeigefinger der Eltern) eigentlich keine Rolle mehr spielen sollte. Dann werden deine Stärken zur Schwäche und die Antreiber wirken wie ein Korsett, das deine wahren Potenziale einengt. In diesem Modus kannst du nicht mehr frei wählen, wie du dich verhältst – der Antreiber zwingt dich dazu. Antreiber sind auch der Motor des (gefühlten) Hamsterrades, in dem sich viele Menschen befinden.

Der Antreiber-Fragebogen

Mithilfe dieses Fragebogens kannst du ermitteln, welche Antreiber dein Leben beeinflussen. Entscheide möglichst spontan bei jeder der 50 Aussagen, in welchem Ausmaß du ihr zustimmen würdest. Eine 5 steht dabei für volle Zustimmung, eine 1 für keine Zustimmung.

Antreiber-Fragebogen

Diese Aussage trifft auf mich in meiner Berufswelt zu:
5 = voll und ganz; 4 = sehr; 3 = etwas; 2 = kaum; 1 = gar nicht

	5	4	3	2	1
Wenn ich eine Aufgabe zu erledigen habe, dann bin ich dabei äußerst gründlich. Es dürfen keine Fehler passieren.	❑	❑	❑	❑	❑
Ich bin dafür verantwortlich, dass diejenigen, die mit mir zu tun haben, sich wohlfühlen.	❑	❑	❑	❑	❑
Ich bin ständig in Aktion. Alles muss schnell gehen.	❑	❑	❑	❑	❑
Es ist mir unangenehm, gegenüber anderen meine Schwächen einzugestehen. Lieber erscheine ich stark, um keine Blöße zu zeigen.	❑	❑	❑	❑	❑
»Wer rastet, der rostet« – dieser Satz könnte von mir stammen.	❑	❑	❑	❑	❑

	5	4	3	2	1
Häufig verwende ich den Satz: »So einfach kann man das nicht sagen!«	❑	❑	❑	❑	❑
Ich sage und tue oft mehr, als eigentlich notwendig wäre.	❑	❑	❑	❑	❑
Menschen, die nicht korrekt genug arbeiten, lehne ich eher ab.	❑	❑	❑	❑	❑
Gefühle zeigen heißt, Schwäche zu zeigen.	❑	❑	❑	❑	❑
»Auf gar keinen Fall lockerlassen« – das ist meine Devise.	❑	❑	❑	❑	❑
Für mich ist es sehr wichtig, kompetent zu wirken. Wenn ich eine Meinung äußere, begründe ich sie daher auch.	❑	❑	❑	❑	❑
Meine Wünsche erfülle ich mir immer sehr schnell.	❑	❑	❑	❑	❑
Ich liefere eine mir erteilte Aufgabe erst nach mehrmaliger Überarbeitung ab, damit auch alles perfekt ist.	❑	❑	❑	❑	❑
Leute, die herumtrödeln, regen mich auf. Zeit ist Geld!	❑	❑	❑	❑	❑
Es ist wichtig für mich, von anderen Menschen akzeptiert zu werden. Dafür stelle ich meine eigenen Interessen schon mal in den Hintergrund.	❑	❑	❑	❑	❑
Hinter meiner harten Schale verbirgt sich ein weicher Kern. Den darf man aber in der Berufswelt nicht zeigen.	❑	❑	❑	❑	❑
Ich versuche herauszufinden, was andere von mir erwarten, um mich danach zu richten. Die anderen sollen mich mögen.	❑	❑	❑	❑	❑
Leute, die unbekümmert in den Tag hineinleben, kann ich nur schwer verstehen. Ich bin der Meinung, dass man sich Erfolge hart erarbeiten muss.	❑	❑	❑	❑	❑
Wenn jemand einfach nicht zur Sache kommt, unterbreche ich öfter – meine Zeit ist schließlich kostbar.	❑	❑	❑	❑	❑
Ich löse meine Probleme selber. Selbst ist der Mann oder die Frau, lautet meine Devise.	❑	❑	❑	❑	❑
Aufgaben erledige ich möglichst rasch, denn es gibt noch viele andere Dinge zu tun.	❑	❑	❑	❑	❑

	5	4	3	2	1
Im Umgang mit anderen achte ich stets auf eine gewisse Distanz. Es schadet meiner Autorität, wenn ich zu viel Nähe zeige.	❑	❑	❑	❑	❑
Ich sollte viele Aufgaben noch besser erledigen, da sie noch nicht perfekt genug sind.	❑	❑	❑	❑	❑
Ich kümmere mich persönlich auch um eher nebensächliche Details, damit das Ergebnis auch wirklich top ist.	❑	❑	❑	❑	❑
Erfolge fallen nicht vom Himmel, ich muss sie mir »im Schweiße meines Angesichts« stets hart erarbeiten.	❑	❑	❑	❑	❑
Für dumme Fehler habe ich wenig Verständnis.	❑	❑	❑	❑	❑
Ich lege Wert darauf, dass Fragen von anderen immer rasch und bündig beantwortet werden.	❑	❑	❑	❑	❑
Es ist mir wichtig, von anderen zu erfahren, ob ich meine Sache gut gemacht habe. Ich brauche die Rückmeldung, dass ich »in Ordnung« bin.	❑	❑	❑	❑	❑
Wenn ich eine Aufgabe begonnen habe, führe ich sie auch immer zu Ende.	❑	❑	❑	❑	❑
Da ich unbedingt akzeptiert werden will, stelle ich meine Wünsche und Bedürfnisse zugunsten anderer Personen zurück.	❑	❑	❑	❑	❑
Ich bin anderen Menschen gegenüber oft hart, um von ihnen nicht verletzt zu werden. Zu viel Nähe ist gefährlich.	❑	❑	❑	❑	❑
Wenn es mir zu langsam vorangeht, dann trommle ich oft ungeduldig mit den Fingern auf den Tisch.	❑	❑	❑	❑	❑
Beim Erklären von Sachverhalten verwende ich gern die klare Aufzählung: »Erstens, zweitens, drittens ...« oder »Auf der einen ... auf der anderen Seite ...«	❑	❑	❑	❑	❑
Ich glaube, dass die meisten Dinge nicht so einfach sind, wie viele meinen. Manche Menschen machen es sich viel zu leicht.	❑	❑	❑	❑	❑

	5	4	3	2	1
Es ist mir unangenehm, andere Leute zu kritisieren, denn diese könnten mich dafür ablehnen.	❑	❑	❑	❑	❑
Bei Diskussionen nicke ich häufig mit dem Kopf.	❑	❑	❑	❑	❑
Ich strenge mich an, um meine Ziele zu erreichen. Nur was hart erarbeitet ist, zählt!	❑	❑	❑	❑	❑
Mein Gesichtsausdruck ist eher ernst und konzentriert.	❑	❑	❑	❑	❑
Ich bin ruhelos, nervös und manchmal auch hektisch.	❑	❑	❑	❑	❑
So schnell kann mich nichts erschüttern. Ich bin der Fels in der Brandung.	❑	❑	❑	❑	❑
Meine Gefühle gehen andere nichts an. Ich muss stark sein – wer Gefühle zeigt, ist schwach.	❑	❑	❑	❑	❑
Mir geht es fast immer zu langsam. Aus diesem Grund treibe ich die anderen an, damit mal was vorwärtsgeht.	❑	❑	❑	❑	❑
Ich sage oft: »Genau – exakt – klar – logisch – selbstverständlich«.	❑	❑	❑	❑	❑
Ich sage oft: »Das verstehe ich nicht …«	❑	❑	❑	❑	❑
Ich sage eher: »Könnten Sie es nicht einmal versuchen?« als »Versuchen Sie es einmal«. Vorsicht ist die Mutter der Porzellankiste!	❑	❑	❑	❑	❑
Ich bin gerne diplomatisch, weil ich damit so gut wie niemanden vergraule.	❑	❑	❑	❑	❑
Ich versuche, die an mich gestellten Erwartungen stets zu übertreffen. Für mich ist es wichtig, besser als andere zu sein.	❑	❑	❑	❑	❑
Beim Telefonieren bearbeite oder erledige ich häufig noch nebenher andere Dinge.	❑	❑	❑	❑	❑
»Die Zähne zusammenbeißen« lautet meine Devise, denn: Ein Indianer kennt keinen Schmerz.	❑	❑	❑	❑	❑
Trotz enormer Anstrengungen will mir vieles einfach nicht gelingen. Doch wenn ich mich nur wieder richtig anstrenge, wird es schon klappen.	❑	❑	❑	❑	❑

Die Auswertung

Zur Auswertung des Antreiber-Fragebogens[32] übertrage bitte die Bewertungszahlen für jede Aussage in den Auswertungsschlüssel. Wenn du also bei Aussage 1 eine 3 vergeben hast, dann trägst du in das Feld mit der Nummer 1 eine 3 ein und so weiter.

Zähle anschließend die Bewertungszahlen pro Antreiber zusammen. Die höchsten Werte weisen auf diejenigen Antreiber hin, die vermutlich in deinem Leben die größte Rolle spielen. Hast du bei zwei oder mehr Antreibern gleiche oder ähnlich hohe Zahlenwerte, dann sind diese alle wirksam.

»Sei perfekt!«

Aussagen:	1	8	11	13	23	24	33	38	43	47	Gesamt

»Beeil dich!«

Aussagen:	3	12	14	19	21	27	32	39	42	48	Gesamt

»Streng dich an!«

Aussagen:	5	6	10	18	25	29	34	37	44	50	Gesamt

»Mach es den anderen recht!«

Aussagen:	2	7	15	17	28	30	35	36	45	46	Gesamt

»Sei stark!«

Aussagen:	4	9	16	20	22	26	31	40	41	49	Gesamt

Beschreibung der Antreiber

Sei perfekt!

Glaubenssatz: Ich bin nicht gut genug.

Überwiegt bei dir dieser Antreiber, dann bist du ein Mensch, der von sich selbst und anderen absolute Perfektion verlangt. Du fühlst dich nicht gut, wenn du nicht perfekt bist. Denn du bist unbewusst davon überzeugt, dass du fehlerlos sein musst, da du dich sonst blamieren würdest. Das führt dazu, dass du zu viel Energie in unwesentliche Arbeitsabläufe und Details investierst und auch in der Freizeit schwer abschalten kannst. Auf einer unbewussten Ebene vermeidest du es sogar, fertig zu werden, um nicht kritisiert zu werden (womit du ohnehin rechnest).

Es ist dir ein wichtiges Anliegen, dein Wissen und dein Können entsprechend deiner Stärken einzusetzen und dafür Anerkennung zu bekommen. Wenn du deinen Glaubenssatz durch einen neuen Haltungssatz ersetzen möchtest, dann sollte dieser folgendermaßen lauten: *Ich bin gut, wie ich bin, es ist genug, und ich darf einen Punkt setzen!*

Beeil dich!

Glaubenssatz: Es gibt unendlich viel zu tun.

Hast du hier einen hohen Punktwert, dann neigst du dazu, schnell ungeduldig zu werden und alles auf einmal und sofort erledigen zu wollen. Gerne signalisierst du auch anderen, dass sie sich beeilen sollen. Aufgrund der Vielzahl der Dinge, die du gleichzeitig anpacken willst, fällt es dir vielleicht schwer, Prioritäten zu setzen. Was du oft nicht bedenkst: Manche Dinge erledigen sich von selbst, wenn du ihnen Zeit lässt. Allerdings gibst du dieser wichtigen Erkenntnis keine Chance. Stattdessen suchst du deine Erfüllung in der Quantität, denn *viel* ist wichtig: viel erleben, viel tun, sich für vieles interessieren. Dabei setzt du *viel* mit *intensiv* gleich. Du führst zwar oft Gespräche zwischendurch, diese haben jedoch nicht die Ruhe und den Tiefgang, den es bräuchte, um ausgewogene Entscheidungen zu treffen. Denn durch dein hastiges Wahrnehmen und Erleben bleibst du gerne an der Oberfläche und übersiehst dadurch wichtige Informationen. Du möchtest stets dabei sein und hast Angst, etwas zu verpassen. Daher neigst du zu Schnellschüssen und läufst schon mal los, ohne zu wissen, wohin es eigentlich gehen soll.

Es ist dir ein wichtiges Anliegen, den Reichtum und die Fülle des Lebens zu erfahren und deine Zeit sinnvoll zu nutzen. Wenn du deinen Glaubenssatz überprüfen und verändern möchtest, dann könnte dein neuer Haltungssatz lauten: *Du darfst dir Zeit nehmen und dich einlassen!*

Streng dich an!

Glaubenssatz: Man muss sich wenigstens bemühen – ein Erfolg ohne Anstrengung ist wertlos.

Stehst du unter dem Einfluss dieses Antreibers, bemühst du dich ständig, dein Bestes zu geben und forderst diese Anstrengung auch von anderen. Nichts in deinem Leben ist wirklich leicht, vieles wird als Problem und Herausforderung für weitere Anstrengung verstanden. Du bist davon überzeugt, dass Leistung an der Mühe gemessen wird und weniger am Ergebnis. Das kann dazu führen, dass du mit anderen um die geleistete Anstrengung konkurrierst. Du häufst Überstunden an, übersiehst womöglich bereits zu Beginn einer Aufgabe wichtige Aspekte und investierst dann viel Zeit in ein falsches Projekt. Im Privaten fällt es dir womöglich schwer, einen Ausgleich zu finden. Wenn Qualität nur durch Anstrengung erzielt werden kann, besitzt auch dein Hobby das Potenzial, zur zusätzlichen Leistungsfalle zu werden.

Es ist dir ein wichtiges Anliegen, deinen Platz zu finden und etwas Nützliches tun zu können. Wenn du für dich einen neuen Haltungssatz formulieren möchtest, könnte dieser folgendermaßen lauten: *Ich darf Erfolg haben und diesen genießen, unabhängig von dem Aufwand, den ich dafür erbracht habe!*

Mach es den anderen recht!

Glaubenssatz: Ich muss nach Möglichkeit alle (mir wichtigen Menschen) zufriedenstellen.

Wenn dieser Antreiber in deinem Leben wirksam ist, neigst du dazu, deine eigenen Wünsche und Bedürfnisse den (vermeintlichen) Wünschen anderer unterzuordnen. Du bist innerlich davon überzeugt, dass dein Umfeld dich ablehnt, sobald du eine eigene Meinung äußerst, und du dann nicht mehr dazugehörst. Das kann dazu führen, dass du anderen zu viel abnimmst und dich darüber ärgerst, wenn zum Beispiel für dich Überstunden anfallen, dein Kollege jedoch pünktlich nach Hause gehen kann. Um es jedem recht zu machen, versprichst du schon mal Dinge, die du nicht einhalten kannst, und vermeidest Konflikte. Oft bist du so überangepasst, dass du selbst nicht weißt, was du eigentlich willst, und stellst fest, dass andere dich trotz deiner Zugeständnisse mit wenig Respekt behandeln und du an Attraktivität verlierst.

Dein Anliegen ist es, so geliebt zu werden, wie du bist, und Nähe und Zugehörigkeit zu erfahren. Wenn du an deinem Glaubenssatz etwas verändern möchtest, dann könnte diese neue Haltung so lauten: *Ich darf mich mögen, so wie ich bin. Ich darf mir Gutes tun – auch wenn das anderen nicht gefällt!*

Sei stark!

Glaubenssatz: Niemand darf merken, dass ich schwach bin.

Dominiert bei dir dieser Antreiber, dann fällt es dir schwer, Schwächen und Gefühle zu zeigen oder Fehler einzugestehen. Du nimmst ungern Hilfe an, stattdessen reichst du lieber anderen deine starke Hand zur Unterstützung. Du bist der inneren Überzeugung, dass Stärke Unabhängigkeit bedeutet und du damit deine unbewusste Angst vor Verletzungen überdecken kannst.

Du gibst zwar gerne Orientierung, hast jedoch auf der anderen Seite wenig Zugang zu dir selbst. Auf andere wirkst du daher schon mal emotionslos. Um niemanden um Hilfe bitten zu müssen, suchst du oft im Alleingang nach Lösungen und verschweigst das Problem, statt Hilfe zu holen und gemeinsam nach vernünftigen Lösungen zu suchen. Du wunderst dich vielleicht manchmal, warum andere dir keine Unterstützung anbieten, ohne dir darüber bewusst zu sein, dass das mit deiner eigenen Ausstrahlung zu tun hat.

Du wünschst dir Sicherheit im Umgang mit anderen, ohne eine Maske der Stärke als Schutz vor Verletzungen tragen zu müssen. Wenn du etwas verändern möchtest, könnte dein neuer Haltungssatz folgendermaßen lauten: *Ich darf offen sein, mich zeigen und meine eigenen Wünsche wahrnehmen und äußern!*

Vermutlich ist dir aufgefallen, dass das Antreiberkonzept einige Parallelen zum Thomas-Kilmann-Konfliktmodell aufweist. Das ist nur logisch, da beide Modelle auf ähnlichen Glaubenssätzen basieren. Wenn du den Antreiber *Sei stark!* für dich identifiziert hast, könnte es sein, dass du in Konfliktsituationen eher zum Tiger neigst. Wenn du stattdessen ein Mensch bist, der es anderen gerne recht macht, wirst du dich in Konfliktsituationen vermutlich eher wie der freundliche Bär verhalten.

Entscheidend ist, dass du deine wirksamsten Denk- und Glaubensmuster identifiziert hast, denn nur so kannst du sie bewusst verändern. Wenn dir erst klar ist, welches Muster dir immer wieder Stress verursacht, dann kannst du dich dazu entschließen, es zu verändern. Dazu ist es aber erforderlich, dich zunächst voll und ganz zu akzeptieren, wie du bist – mit all deinen Stärken und deinen Antreibern. Erst wenn du die Akzeptanz erreicht hast, dass es okay ist, dich so zu verhalten, weil du okay bist, kannst du nach und nach das Korsett deiner Glaubenssätze verlassen und dich freier verhalten. Denn okay bist du ja ohnehin immer!

Dein Natural Leadership Canvas: Feld 9

Reflexionsfragen zu deinen Talenten

Die folgenden Fragen helfen dir dabei, deinen Talenten und Stärken auf die Spur zu kommen:

Was waren meine Lieblingsfächer in der Schule?

____

____

Was sind meine Hobbys?

____

____

Was waren die »Lieblingsaufgaben« meines Lebens, ganz egal, ob es sich um ein Hobby, einen Verein, einen Arbeitsplatz, einen Nebenjob, ein Praktikum oder eine Fortbildung gehandelt hat?

____

____

Was genau hat mich an dieser Aufgabe/diesen Aufgaben begeistert? War es die Zusammenarbeit mit anderen? Das kreative Arbeiten? Anderen helfen zu können? Eine selbstständige Arbeitsweise? Dein Organisationstalent et cetera?

____

____

Was kann ich besser als andere?

____

____

Was fiel mir schon immer leicht? Was geht mir mühelos von der Hand?

____

____

Zu welchem Thema bitten mich andere öfter um meinen Rat, meine Meinung oder um konkrete Hilfe?

____

____

Was hat mich schon als Kind begeistert? Womit habe ich gerne gespielt? Womit konnte ich mich stundenlang beschäftigen?

____

____

Was ist mir so wichtig, dass ich dafür gerne Geld ausgeben würde, um es zu tun?

____

____

Worüber könnte ich vor interessierten Zuhörern stundenlang reden?

____

____

Wenn ich ein Superheld wäre – was wäre meine Superkraft?

____

____

Unterstreiche nun möglichst spontan alle Gemeinsamkeiten in deinen Antworten. Vielleicht findest du auch einen Obergriff für die Aspekte, die sich wiederholen. Übertrage deine wichtigsten Talente beziehungsweise Stärken auf das Blatt mit dem Faultier (siehe QR-Code).

Fragen zu deinen Antreibern

Mein/e wichtigste/r Antreiber ist/sind:

Wie machen sich diese Antreiber in meinem beruflichen Alltag bemerkbar?

Was wird passieren, wenn ich mich weiterhin davon »antreiben« lasse?

Wie kann ich das verhindern?

Wie könnte mein neuer Haltungssatz lauten?

____

____

Woran erkenne ich, dass mein Antreiber keinen so großen Einfluss mehr ausübt?

____

____

Übertrage die Zusammenfassung deiner Antworten ebenfalls auf das Blatt mit dem Faultier.

4. KAPITEL SEI DER HELD DEINER EIGENEN GESCHICHTE

Nun sind wir fast am Ende unserer Reise angelangt, und die ersten neun Blätter deines Natural Leadership Canvas sind hoffentlich prall gefüllt mit Gedanken, Einsichten und Anregungen, die dir in deiner Aufgabe als Leader neue Impulse liefern können. Im nächsten Schritt wird es darum gehen, aus dieser Fülle an Erkenntnissen die Essenz herauszufiltern – und diese im Anschluss auf die Gesamtübersicht mit den neun Feldern zu übertragen.

Was ich mit dieser Essenz meine?

Deine Essenz, das ist deine eigene Heldengeschichte. Sie enthält die Antworten auf die größten Herausforderungen in deiner Rolle als Leader. Denn sie zeigt dir, was dich ausmacht, wozu du in diesem Leben angetreten bist, welche inspirierenden Botschaften du für andere hast und was du in die Welt bringen möchtest. Sie verdeutlicht dir deine individuellen Talente und Stärken. Sie zeigt dir, auf welche Ressourcen du in schwierigen Zeiten zurückgreifen kannst. Und sie weist dich auf das enorme Wachstumspotenzial deiner Schattenaspekte hin, sofern du diese erkennst und bearbeitest. Den Rahmen deiner Heldenstory bildet das uralte, seit Jahrmillionen bewährte Wissen der Natur.

Gestartet sind wir mit der Welt der Mythen – und damit möchte ich auch gerne enden. In früheren Zeiten dienten Erzählungen und Heldengeschichten als wertvolle Orientierungshilfe für das eigene Leben. Sie waren damit von ähnlicher Bedeutung wie ein Fixstern für die Seefahrer, denn selbst wenn der Himmel einmal verhangen war, wusste jeder: Der Fixstern ist dennoch da. Man kann sich auf ihn verlassen. Er ist unveränderlich. Wer seinen Fixstern klar vor Augen hat, kann die eigene Position jederzeit bestimmen. Das war damals eine ungemein praktische Sache – sowohl für die Seefahrer als auch für die Menschen, die sich Heldengeschichten erzählt haben. Unsere heutige Welt ist leider sehr viel ärmer an Mythen geworden und die wenigsten Menschen haben keine wirklich gute Idee, wo sie Sinn und diese Orientierung in ihrem Leben finden können. Daher ist es heute genauso wichtig, irgendeinen Fixstern im Leben zu haben. Etwas, was Vertrauen schafft, woran es sich von ganzem Herzen glauben lässt.

Albert Einstein sagte einmal: »*Schau tief in die Natur, dann wirst du alles besser verstehen*«. Er muss es wissen. Nirgendwo sonst finden wir so viel Weisheit und Orientierung. Die Natur ist ein hervorragender Coach. Vielleicht kann die Natur zu einem Fixstern für dich werden. Es gibt sogar eine religionsphilosophische Strömung, den Pantheismus, in der Gott mit der Natur gleichgesetzt wird. Aber eigentlich braucht es gar keine Religion dazu. Denn auch das Leben ist ein perfekter Coach, im Grunde sogar der beste, den es gibt. Du kannst daher auch an die Weisheit des Lebens glauben, was nicht so viel anders ist, als an die Weisheit der Natur zu glauben. Du kannst an die vielen wertvollen Hinweise glauben, die großen und kleinen Zufälle des Lebens, die gar keine Zufälle sind, weil dir in diesem Moment etwas »zufällt«, das dich weiterbringt. Du kannst daran glauben, dass du ein Teil der Natur und somit auch ein Teil der natürlichen Ordnung bist, der alles unterliegt, was existiert.

Auf der Suche nach einem Fixstern könntest du ganz pragmatisch beginnen. Beispielsweise mit der Strategie des Faultieres, dem neunten Feld im Canvas-Modell. Was kannst du besonders gut und welches ist dein wahres Element? Anstatt deine Schwächen verbessern zu wollen, könntest du an all das glauben, was die Natur dir an Fähigkeiten und Talenten mitgegeben hat. Ganz egal, was andere sagen oder von dir denken. Du könntest deine Stärken ganz bewusst einzusetzen, und das tun, was du schon immer machen wolltest. Du könntest eine Aufgabe finden, die du liebst, die dich erfüllt und die für dich ganz viel Sinn ergibt. Die eigene Berufung zu leben – das könnte ebenfalls ein Fixstern sein! Vielleicht ist deine Aufgabe als Leader ja deine Berufung. Oder doch etwas ganz anderes. Egal, was es ist – es ist gut. Eine Berufung ist nie besser oder schlechter als eine andere. Sie ist einfach nur der Ruf deiner inneren Stimme, der du folgen solltest.

So erschaffst du deine Leadership-Heldenreise

In der Mythologie war die Heldenreise stets auch Spiegelbild des eigenen Lebens. Daher neigen wir dazu, uns mit dem Helden einer Geschichte zu identifizieren, mit ihm zu fühlen, zu bangen und zu hoffen. Held zu sein, das ist ein tief verwurzeltes archetypisches Grundmuster, das wir in uns selbst erkennen.

In den alten Heldenmythen gibt es daher immer eine Hauptfigur, die vor einer großen Herausforderung steht, für die eine Lösung gefunden werden muss. Zwischen diesem Problem und der Erreichung des Ziels entwickelt sich die Story. Um die Herausforderung anzupacken, braucht es natürlich Entschlossenheit, Mut und Klarheit. Es muss eine Entscheidung getroffen werden, und es benötigt den Willen, diese auch durchzusetzen.

Vielleicht muss der Held ein Ungeheuer besiegen, in einen Kampf ziehen oder eine andere Person, eine ganze Stadt oder sich selbst befreien. Was immer auch die Aufgabe ist: Sie wirkt zunächst alles andere als einfach und der Held würde vielleicht lieber gemütlich zu Hause sitzen und sich das Ganze als Film ansehen. Doch Heldengeschichten finden nun mal nicht daheim auf dem Kuschelsofa statt, sondern draußen im Leben. Helden kämpfen übrigens auch nie aus Freude an der Auseinandersetzung, sie haben immer einen guten Grund für den ganzen Aufwand. Die eigenen Werte beispielsweise. Oder das instinktive Gefühl, dass sie diesen Weg gehen müssen. Aufgeben und zurück aufs Kuschelsofa ist daher keine Option. Anstelle von Waffen und Schwertern nutzen moderne Helden heute ihren Verstand, ihre Intuition, ihr Gefühl sowie ihre Gelassenheit und ihr Selbstvertrauen. Zum Glück gibt es in jeder Heldengeschichte Verbündete, die immer zu rechten Zeit auftauchen. Gute Freunde, hilfreiche Kollegen, ein Mentor, ein Coach, ein tolles Team. Manchmal ist auch der Zufall ein Verbündeter. Irgendwann ist das Ziel erreicht, das Problem ist gelöst – auf welche Art auch immer. Und erst ganz am Ende der Geschichte stellt der Held fest, dass das wahre Ziel gar nicht die Befreiung irgendeiner Prinzessin vom bösen Drachen war, sondern die eigene Entwicklung, die zeitgleich mit dem Kampf gegen das Ungeheuer stattgefunden hat.

Typische Helden sind also wache und mutige Menschen, die an etwas glauben. Vielleicht vertrauen sie Gott. Oder der Weisheit der Natur. Oder sich selbst. Oder allen zusammen.

Wie viele Heldengeschichten hast du in deinem Leben schon erlebt? Vermutlich sehr viel mehr, als dir spontan einfallen. Im Vorwort habe ich bereits geschrieben, dass wir alle irgendwann im Leben ein Held sein müssen, insbesondere, wenn wir uns auf unbekanntes Terrain begeben. Im Grunde genommen ist daher das ganze Leben eine einzige Heldenreise, auch wenn uns das meist nicht bewusst ist. Jeder Zwischenstopp – sei es eine neue berufliche Aufgabe, eine neue Beziehung, eine Krise, ein Unfall oder eine Krankheit, ist wiederum eine kleine Heldenreise für sich. Und hinter jeder bewältigten Herausforderung stecken enorm wichtige Erfahrungen, die uns Klarheit über uns selbst, den Sinn unseres Lebens und dessen Einzigartigkeit geben können.

In den neun Feldern des Natural Leadership Canvas verbirgt sich deine ganz persönliche Leadership-Heldenstory. Sie ist sehr kraftvoll. Deshalb ist sie ein tolles Geschenk, welches du dir gleich selbst schenken darfst.

Und so gehst du vor

An dieser Stelle hast du bereits eine Zusammenfassung all deiner Antworten aus den Reflexionsfragen auf den neun Einzelblättern notiert und diese vielleicht noch durch weitere Erkenntnisse ergänzt. Das ergibt nun eine große Vielzahl unterschiedlicher Themen, Ideen und Anregungen. Für die folgende Aufgabe solltest du ausreichend Zeit einplanen und dafür sorgen, dass du möglichst nicht gestört wirst.

Schritt 1: Nimm einen farbigen Stift oder einen Textmarker und markiere nach und nach und Blatt für Blatt alle Informationen, die dir besonders wichtig erscheinen. Gehe dabei intuitiv und nicht so sehr mit dem Verstand vor – es gibt hier kein Richtig und kein Falsch! Wo zieht es dich hin, was fühlt sich stimmig an, welche Aspekte tauchen wiederholt auf, welche Elemente gehören unbedingt in deine Heldengeschichte? Themen, die sich wiederholen, sind besonders wichtige Hinweise, daher solltest du sie auf jeden Fall markieren. Wiederhole dieses Vorgehen für alle neun Prinzipien.

Schritt 2: Übertrage deine wichtigsten Erkenntnisse auf die neun Felder der Gesamtübersicht des Natural Leadership. Gibt es in einem Feld Übereinstimmungen, Wiederholungen, Ähnlichkeiten? Vielleicht findest du einen Überbegriff, unter dem du diese zusammenfassen kannst.

Schritt 3: Betrachte nun deine gesamte Übersicht und lass dich dabei von den nachstehenden Fragestellungen leiten. Auch hier kannst du wieder Überbegriffe bilden, falls ähnliche Aspekte in mehreren Feldern vorkommen.

Was ist derzeit meine größte Herausforderung als Leader?

____

____

Welche Ängste tauchen auf, wenn ich daran denke? Was sollte ich zunächst in mir selbst besiegen (Antreiber, Glaubenssätze etc.)?

____

____

Welche Stärken, Talente und Werte bringe ich mit, um diese Herausforderung zu meistern?

____

____

Was ist mein Warum?

____

____

Was sind meine wichtigsten Ressourcen?

____

____

Was tue ich konkret, um eine Lösung zu finden?

Welche Schwierigkeiten können dabei auftauchen und wie gehe ich damit um?

Auf welche Verbündeten sollte ich zugehen, um Unterstützung zu bekommen?

Wie könnte meine Lösung aussehen?

Was hat mir bei ähnlichen Herausforderungen früher bereits geholfen?

Übertrage nun deine Erkenntnisse auf das letzte Blatt – das mit der Eiche (siehe QR-Code). Was fällt dir auf?

Vielleicht stellst du fest, dass du soeben eine Gewinner-Strategie entwickelt hast. Eine echte Leadership-Heldenstrategie, auf die du wirklich stolz sein kannst. Weil sie für das steht, was dich ausmacht und was dich in turbulenten Zeiten leitet und trägt. Aus diesem Grund findest du auf diesem Blatt auch das Bild einer Eiche. Denn die Eiche ist der Repräsentant deiner Geschichte. Die Eiche ist selbst ein Held, ein mythologischer Baum, der in vielen Völkern und Kulturen schon immer eine besondere Rolle gespielt hat. Alte Eichen sind häufig imposante Naturdenkmäler, da sie die gewachsene Kraft von einigen Hundert Jahren repräsentieren. Ich finde: Das ist eine schöne Metapher für dich als Natural Leader!

Ein deutsches Sprichwort sagt:

»Je größer die Stürme, desto fester wurzelt die Eiche.«

Die Eiche ist das Sinnbild schlechthin für Beständigkeit in turbulenten Zeiten. Der robuste Baum verkörpert Kraft, Stärke, Standhaftigkeit, Weisheit und Durchhaltevermögen. Dafür braucht die Eiche tiefe und weit verzweigte Wurzeln, die weit in die Erde hineinreichen und ihr Bodenhaftung und Stabilität geben.

Deine Wurzeln sind all das, was dich trägt und dich innerlich stärkt – dein Warum, die Erfahrungen deiner Vergangenheit, deine Werte, deine Ressourcen und natürlich auch die Geschichte deines Unternehmens und deiner Marke. All das bildet die Grundlage für deine Entscheidungen und dein Handeln als Leader. Die Äste und Blätter, die von deinen kräftigen Wurzeln versorgt werden, stehen symbolisch für all das, was du in die Welt bringen möchtest: deine Visionen, deine Botschaft und das, wofür du antrittst, was du bewegen und gestalten möchtest. Auch die Mission deines Unternehmens gehört dazu.

Was die Eiche noch auszeichnet, ist ihre Großzügigkeit: Sie gibt gerne und ernährt mit ihren Früchten viele andere Tiere. Die Früchte sind all das, was du im Überfluss besitzt und gerne mit anderen teilst: deine Erfahrung, dein Wissen, deine Weisheit und deine Wertschätzung. Die Unterstützung und Präsenz, die du deinem Team zukommen lässt, ist der Schatten, den die Eiche im Sommer spendet. Und wenn dir bewusst ist, dass du in verschiedenen Lebensräumen existieren und dich daran anpassen kannst, ohne deine Wurzeln zu verlieren, dann folgst du der Strategie der Eiche.

Ein anderer Aspekt ist Geduld: In der Natur dauert es Jahre, bis die Eiche ihre volle Größe erreicht hat. Auch als Leader brauchst du zuweilen einen ziemlich langen Atem. Die Eiche steht dafür, langfristig zu denken und darauf zu vertrauen, dass Visionen mitunter erst in vielen Jahren ihre Wirkung entfalten. Dann aber gewaltig! Eine Eiche, die trotz aller Widrigkeiten und Veränderungen endlich ihre volle Größe erreicht hat, strahlt Ruhe, Souveränität und Gelassenheit aus. Sie betrachtet die Dinge aus der Metaperspektive und lässt sich nicht mehr in jedes Drama hineinziehen.

Vielleicht kommt der Ausspruch *»Was juckt es die deutsche Eiche, wenn sich die Wildsau an ihr reibt?«* aus dieser entspannten Haltung der Größe. Wer weiß. Die Eiche ist, was sie ist. Und sie steht für all das, was du auch schon bist und in dir trägst.

5. KAPITEL
ZU GUTER LETZT

Vielleicht möchtest du jetzt wissen, wie es weitergeht. Möglicherweise bist du dir noch ein wenig unsicher, ob die Aufgabe als Leader tatsächlich das ist, was wirklich zu dir passt. Vielleicht hast du an dieser Stelle noch ein paar offene Fragen. Das ist gut so. Stelle deine Frage und lass dein Unterbewusstsein für dich arbeiten. Ich verspreche dir, sie wird sich klären, sobald du losläufst. Denn auch ein Weg von tausend Meilen beginnt immer mit einem ersten Schritt. Und demjenigen, der losläuft, schiebt sich der Weg unter die Füße. Das soll zumindest der chinesische Philosoph Laotse gesagt haben.

Du kennst nun deine wichtigsten Stärken, Fähigkeiten und Ressourcen. Du weißt, was dich ausmacht und was dich im Leben trägt. Und du weißt, wie der Held in dir Herausforderungen anpacken und Probleme lösen kann. Wenn es sich für dich richtig anfühlt, Menschen auf eine Reise mitzunehmen, dich auf sie einzulassen und ihnen Orientierung zu geben, dann bist du ein Leader! Ein guter Leader wirst du ohnehin nicht per Dekret oder durch eine Beförderung. Sondern du bist es, weil dein Umfeld dich als solchen anerkennt. Welche Führungspersönlichkeit in deinem Leben hat dich besonders beeindruckt? Und durch welche Eigenschaften hat sich diese Person ausgezeichnet? Weshalb bist du ihr gerne gefolgt? War sie besonders empathisch, motivierend, wertschätzend, dynamisch? Konnte sie gut zuhören, Menschen begeistern? Was auch immer es ist – all die Fähigkeiten, die du dazu brauchst, wirst du nicht in der Theorie lernen, du kannst sie nur durch Praxis und Selbstreflexion erfahren und ausbauen. Das Verfassen deiner Heldengeschichte ist so ein Reflexionstool.

Letztendlich geht es darum, deinen eigenen Führungsstil zu finden. Dein Führungsstil ist das Zusammenspiel all dessen, was dich ausmacht – und daher eine sehr individuelle Sache. Selbst wenn du in der Schule nicht der Anführer, die Klassensprecherin oder der Kapitän der Fußballmannschaft warst, kannst du ein erfolgreicher Leader werden. Um Menschen zu führen, braucht es Qualitäten, die oft erst später im Leben entwickelt oder ausgebaut werden – Sozialkompetenz, Menschlichkeit, Authentizität. Die wichtigste Führungseigenschaft in meinen Augen ist die Fähigkeit zur Selbstreflexion. Wenn du begreifst, dass alles, was vor deiner Nase passiert, mit dir selbst, deinen Mustern, Glaubenssätzen und Einstellungen zu tun hat, wirst du zunehmend freier in deinem Denken und Handeln, da du zunehmend unabhängiger von deinem Ego agieren wirst.

Ich verspreche dir: Sobald du diese Mechanismen einmal verstanden hast, wird sich dein Leben grundlegend zum Positiven verändern. Wenn du also Empathie und Verständnis lernen willst, dann sei dir selbst gegenüber empathisch und verständnisvoll. Wenn du begeisterte Menschen in deinem Umfeld haben willst, dann suche dir eine Aufgabe, die dich wirklich begeistert. Wenn du geliebt werden willst, liebe dich selbst. Sobald du damit begonnen hast, dir selbst mit Wertschätzung und Respekt zu begegnen, passiert etwas Magisches: Auf einmal werden auch alle anderen dich mit Wohlwollen, Respekt und Wertschätzung betrachten. Die Menschen in deinem Umfeld werden diese Haltung spüren – und sich zu dir hingezogen fühlen. Andere werden dich vielleicht eher meiden, weil sie dir keine Energie mehr abziehen können. So funktioniert Charisma. Und zwar unabhängig davon, was auf deiner Visitenkarte steht.

Aus dieser Haltung heraus wirst du sehr schnell spüren, ob es deine wahre Berufung ist, andere Menschen zu führen. Denn du wirst dich ganz automatisch nur noch den Aufgaben widmen, die dir wirklich Freude und Erfüllung bringen. Wenn du dich für das, was du tust, nicht lieben kannst, gibt es keinen Grund, es weiterhin zu tun.

Für mich ist Leadership zugleich Beruf und Berufung – und auch meine eigene Berufung! Daher glaube ich fest daran, dass jeder Mensch eine Bestimmung hat. Wenn deine das Führen von Menschen ist, dann glaube an dich, baue dein Talent aus, folge deiner inneren Stimme und werde zum Leader!

Ich bin überzeugt, dass wir eine bessere, eine humanere Welt haben werden, wenn die Unternehmen und Organisationen dieser Welt nur noch von Menschen geführt werden, die das ebenso sehen.

Zu guter Letzt habe ich dir noch einen kleinen Impuls mitgebracht. Es ist ein Gedicht, das der berühmte Komiker, Schauspieler und Filmproduzent Charlie Chaplin anlässlich seines 70. Geburtstags im Jahr 1959 verfasst haben soll. Chaplin war ein auch erfolgreicher Unternehmer, er gehörte zu den Gründervätern der »Traumfabrik« Hollywood und gehörte zu den Gründern der Filmgesellschaft United Artists. Als Schauspieler wirkte er in vielen unvergessenen Filmen mit. In diesem Gedicht beschreibt er jedoch seine ganz persönliche Heldengeschichte.

Als ich mich selbst zu lieben begann

Als ich mich selbst zu lieben begann,
habe ich verstanden, dass ich immer und bei jeder Gelegenheit,
zur richtigen Zeit am richtigen Ort bin –
und dass alles, was geschieht, richtig ist.
Von da an konnte ich ruhig sein.
Heute weiß ich: Das nennt man VERTRAUEN.

Als ich mich selbst zu lieben begann,
konnte ich erkennen,
dass emotionaler Schmerz und Leid
nur Warnungen für mich sind,
gegen meine eigene Wahrheit zu leben.
Heute weiß ich: Das nennt man AUTHENTISCH SEIN.

Als ich mich selbst zu lieben begann,
habe ich aufgehört,
mich nach einem anderen Leben zu sehnen
und konnte sehen, dass alles um mich herum
eine Aufforderung zum Wachsen war.
Heute weiß ich, das nennt man REIFE.

Als ich mich selbst zu lieben begann,
habe ich aufgehört,
mich meiner freien Zeit zu berauben,
und ich habe aufgehört, weiter grandiose Projekte für die Zukunft zu entwerfen.
Heute mache ich nur das, was mir Spaß und Freude macht,
was ich liebe und was mein Herz zum Lachen bringt,
auf meine eigene Art und Weise und in meinem Tempo.
Heute weiß ich, das nennt man EHRLICHKEIT.

Als ich mich selbst zu lieben begann,
habe ich mich von allem befreit, was nicht gesund für mich war,
von Speisen, Menschen, Dingen, Situationen und von allem,
das mich immer wieder hinunterzog, weg von mir selbst.
Anfangs nannte ich das Gesunden Egoismus,
aber heute weiß ich, das ist SELBSTLIEBE.

Als ich mich selbst zu lieben begann,
habe ich aufgehört, immer recht haben zu wollen,
so habe ich mich weniger geirrt.
Heute habe ich erkannt: Das nennt man DEMUT.

Als ich mich selbst zu lieben begann,
habe ich mich geweigert, weiter in der Vergangenheit zu leben
und mich um meine Zukunft zu sorgen.
Jetzt lebe ich nur noch in diesem Augenblick, wo ALLES stattfindet,
so lebe ich heute jeden Tag und nenne es BEWUSSTHEIT.

Als ich mich zu lieben begann, da erkannte ich,
dass mich mein Denken armselig und krank machen kann.
Als ich jedoch meine Herzenskräfte anforderte,
bekam der Verstand einen wichtigen Partner.
Diese Verbindung nenne ich heute HERZENSWEISHEIT.

Wir brauchen uns nicht weiter vor Auseinandersetzungen,
Konflikten und Problemen mit uns selbst und anderen zu fürchten,
denn sogar Sterne knallen manchmal aufeinander und es entstehen
neue Welten.
Heute weiß ich: DAS IST DAS LEBEN !

Natural Leadership hat ganz viel mit dem Leben zu tun. In diesem Sinne wünsche ich dir viele lebendige Erfahrungen!

Wolf Lüdge

ÜBER DEN AUTOR

Wolf Lüdge ist Leadership-Coach. In den vergangenen 20 Jahren war er in verschiedensten Unternehmen als Geschäftsführer tätig. Er hatte mehr als zehn Jahre die Funktion des Markenmanagers von hessnatur inne, hat Start-ups gegründet oder kriselnde Unternehmen unterstützt. Der passionierte Handballer und Taucher ist verheiratet und Vater von 2 Kindern.

ANMERKUNGEN

1 Armstrong, Karen (2005): Eine kurze Geschichte des Mythos. Berlin: Berlin Verlag GmbH

2 Vgl. https://www.zukunftsinstitut.de/dossier/megatrends/

3 Ohne Menschen ginge es der Erde besser. Franz Alt im Gespräch mit dem Dalai Lama, 14.06.2003, abrufbar unter: https://www.nd-aktuell.de/artikel/36855.ohne-menschen-ginge-es-der-erde-besser.html

4 Nöllke, Matthias (2005): So managt die Natur. München: Haufe Verlag

5 Niklas Luhmannn (2017): Systemtheorie der Gesellschaft. Berlin:Suhrkamp Verlag

6 Osterwalder, Alexander; Pigneur, Yves (2011): Business Model Generation: Ein Handbuch für Visionäre, Spielveränderer und Herausforderer. Frankfurt: Campus Verlag

7 S. Dweck, Carol: Mindset: The new psychology of success. Ballantine, Penguin Random house, überarbeitete Auflage 2007

8 Senge, Peter M. (2011): Die fünfte Disziplin: Kunst und Praxis der lernenden Organisation. 11. völlig überarbeitete und aktualisierte Auflage. Stuttgart: Klett-Cotta Verlag

9 Zernisch, Peter (2003): Markenglauben managen. Weinheim: WILEY-VCH Verlag

10 Aus: Nöllke, Matthias (2005): So managt die Natur, München: Haufe Verlag, S. 221 ff.

11 Laloux, Frederic (2017): Reinventing organizations visuell. München: Verlag Franz Vahlen

12 Anthony, Lawrence; Spence, Graham (2014): Der Elefantenflüsterer. München: mvg Verlag

13 Eckhard, Eva (2012): Die Abwertung von Frauen gespiegelt in der Mythologie der Kulturen des Alten Orients und im frühen Christentum, Masterarbeit, S. 10, abrufbar unter https://unipub.uni-graz.at/obvugrhs/download/pdf/221919?originalFilename=true

14 Weber, Max (1920): Die protestantische Ethik und der Geist des Kapitalismus. 4. Auflage. Berliner Ausgabe 2016

15 Das Beispiel stammt aus dem Dokumentarfilm »InnSaei« der beiden Isländerinnen Kristin Olafsdottir und Hrund Gunnsteinsdottir.

16 http://www.planet-wissen.de/gesellschaft/psychologie/resilienz/

17 Askani, Tanja (2004): Wolfsspuren. Die Frau, die mit den Wölfen lebt. 4. Edition. Aarau: AT Verlag

18 Als Sekundärquelle zum Beispiel hier zu finden: https://www.nytimes.com/2016/02/28/magazine/what-google-learned-from-its-quest-to-build-the-perfect-team.html?_r=1

19 Belbin, Meredith R.: Management Teams. Why they succeed or fail. Routledge, 3. Auflage 2010

20 Aus: Nöllke, Matthias (2005): So managt die Natur. München: Haufe Verlag, S. 296 ff.

21 Kilmann, Ralph H: Mastering the Thomas-Kilmann Conflict Mode-Instrument. Kilmann Diagnostics, 2023

22 Chittka, Lars (2024): Im Cockpit der Biene. Wien/Bozen: Folio

23 https://www.youtube.com/watch?v=EPusBDzUDog

24 Watzlawick, Paul/Beavin, Janet H./Jackson Don D. (1969): Menschliche Kommunikation, Formen, Störungen, Paradoxien. Bern: Hogrefe, 13. unveränderte Auflage 2017

25 https://www.schulz-von-thun.de/die-modelle/das-kommunikationsquadrat

26 Harris, Thomas A. (1973): Ich bin ok, du bist ok. Hamburg: Rowohlt Verlag, 44. Auflage 2010

27 Adler, Alfred: Gesammelte Werke. Anaconda Verlag, 2020

28 De Saint-Exupéry, Antoine: Der kleine Prinz. Anaconda Verlag, 2015

29 Vgl. https://www.heartmathdeutschland.de/die-methode/

30 Vgl. https://www.gallup.com/cliftonstrengths/de/253787/Wissenschaft-Cliftonstrengths.aspx

31 Kahler, Taibi/ Capers, Hedges: The Miniskript, in: TA Journal, Januar 1974. Kahler, Taibi: Process Therapy Model. Die sechs Persönlichkeitstypen und ihre Anpassungsformen, Weilheim 2010.

32 In Anlehnung an: Kählin, Karl; Müri, Peter (2020): Sich und andere führen. Psychologie für Führungskräfte, Mitarbeiterinnen und Mitarbeiter. 17. Auflage, Bern: hep-Verlag

Gut führen – auch aus der Ferne

Sebastian Pflügler

Homeoffice, Onlinemeetings und New Work erobern die Arbeitswelt. Digitalisierte Prozesse verändern die Unternehmensstrukturen und Führungskräfte sehen sich mit ganz neuen Fragen konfrontiert: Wie erreiche ich meine Mitarbeiter? Wie kann ich die Motivation aus der Ferne hochhalten?

Sebastian Pflügler zeigt, wie Führungskräfte dem »neuen Normal« in der Arbeitswelt gerecht werden können. Er liefert innovative Kommunikationsmodelle, gibt praktische Tipps zu Themen wie Meetingmoderation, Aufgabendelegation oder Vertrauensbildung über Distanz, zeigt konkrete Entscheidungshilfen und widmet sich den Herausforderungen des neuen Berufsalltags.

240 Seiten | Softcover | 20,00 € (D) | 20,60 € (A) | ISBN 978-3-86881-853-6

Was braucht es, um erfolgreich zu führen?

Brené Brown

Bestsellerautorin Brené Brown weiß es: Gute Führung zieht ihre Kraft nicht aus Macht, Titeln oder Einfluss. Effektive Chefs haben zu ihrem Team vielmehr eine intensive Beziehung, die von Vertrauen und Authentizität geprägt ist. Ein solcher Führungsstil bedeutet auch, dass man sich traut, immer mit vollem Herzen dabei zu sein.

Dare to lead – Führung wagen ist das Ergebnis einer langjährigen Studie und basiert auf Interviews mit Hunderten globalen Führungskräften über den Mut und die Notwendigkeit, sich aus seiner Komfortzone herauszubewegen, um neue Ideen anzunehmen.

336 Seiten | Hardcover | 25,00 € (D) | 25,80 € (A) | ISBN 978-3-86881-781-2